THE TECHNIQUE
OF FREEHAND SKETCHING
PERFORMANCE

“十三五”艺术设计类专业创新型系列教材
国家高技能人才培养示范基地“一体化”教材
国家优质院校建设校企合作“应用型”系列教材
（艺术设计、环境艺术设计、室内艺术设计、建筑设计、风景园林设计等专业适用）

THE TECHNIQUE OF FREEHAND SKETCHING PERFORMANCE

手绘表现技法

主　编　孙　琪
副主编　林　琳　张宁宁　侯利霞
参　编　毕　娟　初丹丹　侯　琳　房　燕
　　　　何　静　宇　航　龚垚奔
主　审　杨风雨　吴　萍

手绘作为设计专业的一种表现形式，现在越来越受到重视，特别是高校设计类专业的学生都要学习和掌握设计手绘，因而也开设有专门的手绘课程，设计手绘也逐渐形成了一套专门的教学模式。本书针对马克笔表现技法，主要阐述了包括手绘工具和运用、室内住宅空间绘制、商业建筑绘制、园林景观绘制等方面的内容。

本书采用四色印刷，全书将基本原理与实际案例相结合，内容由浅入深，并配合通俗易懂的解释说明，方便读者学习和理解。本书中的每幅作品都是作者精心挑选并经过用心编排，作品二维码链接的视频资料主要以钢笔和马克笔绘制的本案例为主，读者可以清晰地掌握整个室内外建筑手绘过程的每个细节。

本书适用于艺术设计、环境艺术设计、室内艺术设计、建筑设计、风景园林设计等专业的学生使用，也可供设计公司职员、手绘设计师及对手绘感兴趣的读者阅读使用，同时也可作为培训机构的教学用书。

为方便教学，本书配有电子课件，凡使用本书作为教材的教师可登录机工教育服务网www.cmpedu.com注册下载。咨询邮箱：cmpgaozhi@sina.com。咨询电话：010-88379375。

图书在版编目（CIP）数据

手绘表现技法 / 孙琪主编. —北京：机械工业出版社，2018.2（2023.6重印）
“十三五”艺术设计类专业创新型系列教材
ISBN 978-7-111-59043-9

Ⅰ. ①手… Ⅱ. ①孙… Ⅲ. ①室内装饰设计－建筑制图－绘画技法－高等学校－教材 Ⅳ. ①TU204

中国版本图书馆CIP数据核字（2018）第018896号

机械工业出版社（北京市百万庄大街22号 邮政编码100037）
策划编辑：常金锋 责任编辑：常金锋
版式设计：鞠 杨 责任校对：朱继文
封面设计：鞠 杨 责任印制：孙 炜
北京华联印刷有限公司印刷
2023年6月第1版第6次印刷
169mm×239mm · 11.75印张 · 2插页 · 272千字
标准书号：ISBN 978-7-111-59043-9
定价：49.80元

电话服务
客服电话：010-88361066
010-88379833
010-68326294

网络服务
机 工 官 网：www.cmpbook.com
机 工 官 博：weibo.com/cmp1952
金 书 网：www.golden-book.com
教育服务网：www.cmpedu.com

前言 Foreword

本书在重印时，编者队伍深入学习贯彻党的二十大精神，以学生的全面发展为培养目标，融“知识学习、技能提升、素质教育”于一体，严格落实立德树人根本任务。紧密联系行业对专业设计人才的需求，根据实际工作流程组织内容，通过量化整理出初学者在学习过程中的常见问题和重难点，并安排模块化的专题任务实训辅以完成教学实践。本书具有以下特点：

1.采用任务驱动、项目导向的教学模式：以学生为主体，教师为主导，符合职业教育任务驱动、行动导向的教学需要。

2.配套时长约600分钟的微课视频：辅助学生做好知识准备，有利于激发学生自主学习。附带的微课教学视频主要以钢笔和马克笔绘制的实际案例为主，读者可以清晰地掌握整个室内外建筑手绘过程的绘制细节。

3.将基本原理与实际案例相结合：在讲解设计手绘的方法和技巧的同时，将室内外建筑手绘的线条、透视理论、定形、室内外建筑光影和色彩等基础理论糅合到具体的任务案例中，通过“知识延伸”、随课“想一想”的作品点评，具体问题具体分析地阐述了钢笔和马克笔技法在室内外建筑手绘各方面的应用。全书内容由浅入深，并配合通俗易懂的解释说明，方便读者学习和理解。作品案例种类丰富，包括室内住宅空间、商业建筑和园林景观等。边学边练，边练边想，通过教、学、做一体化的教学设计，让读者在熟悉手绘技法的同时用手绘展现建筑的文化魅力。

4.附录任务学习单与评价单（可撕式活页）：可以满足任课教师进行德国职业教育教学方法的翻转课堂授课。

5.技能考核试题及评分标准、项目课程标准：内含详细的教学活动设计实施建议，可以指导年轻教师采用适合的教学方法进行项目教学。

本书由孙琪担任主编。北京拓者装饰设计有限公司首席设计总监、高级讲师杨风雨，山东城市建设职业学院吴萍担任本书的主审，他们对书稿提出了许多宝贵意见和建议，做了全面的技术指导，并提供了宝贵的设计表现作品与手绘视频资料，在此表示衷心感谢！

最后，为了便于广大学生和手绘设计爱好者课后的继续学习和交流，更好地了解手绘在装饰设计企业中的应用，我们提供了手绘QQ学习交流群（293110897）以供大家交流学习，共同提高。

限于时间和水平，书中难免存在不足之处，敬请广大读者指正。

怎样进行手绘效果图表现

孙琪

目录 Contents

Project 1

项目1 手绘效果图表现基础

任务1.1 手绘设计造型概述

任务目标

通过学习，掌握以下知识或方法：

- □ 了解美术造型的含义。
- □ 了解手绘工具材料及性能。
- □ 了解手绘设计造型的基础知识。
- □ 理解手绘表现的相关内容。

任务描述

任务内容

掌握手绘设计造型与表现的基础知识，为后期的学习做好准备。

实施条件

笔记本、签字笔。

1.1.1 美术的相关知识

美术的来源

欧洲17世纪开始使用“美术”这一名词时，泛指具有美学意义的活动及其产物，如绘画、雕塑、建筑、文学、音乐、舞蹈等。也有人认为“美术”一词正式出现应在18世纪中叶。18世纪产业革命后，美术范围逐渐扩大，有绘画、雕塑、工艺美术、建筑艺术等，在东方还涉及书法和篆刻艺术等。我国“五四运动”前后开始普遍应用这一名词。近数十年来欧美各国已不大使用“美术”一词，往往以“艺术”一词统摄之。

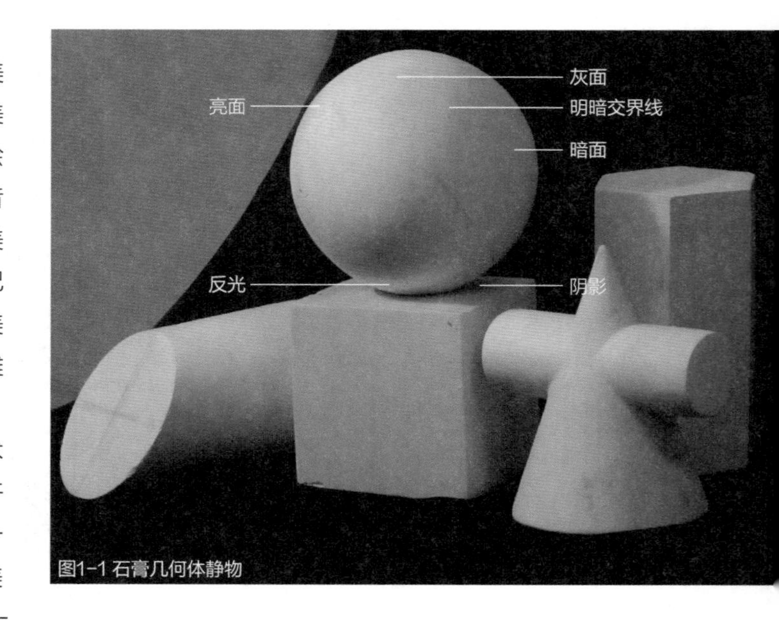

图1-1 石膏几何体静物

美术的主要表现形式

美术是以物质材料为媒介，塑造可观的、静止的、占据一定平面或立体空间的艺术形象的艺术。美术是表现作者思想感情的一种社会意识形态，同时也是一种生产形态。

美术，也称造型艺术或视觉艺术，它是运用一定的物质材料（如纸、布、木板、黏土、大理石、塑料等），通过造型的手段，创造出来的具有一定空间和审美价值的视觉形象的艺术。

美术的范围

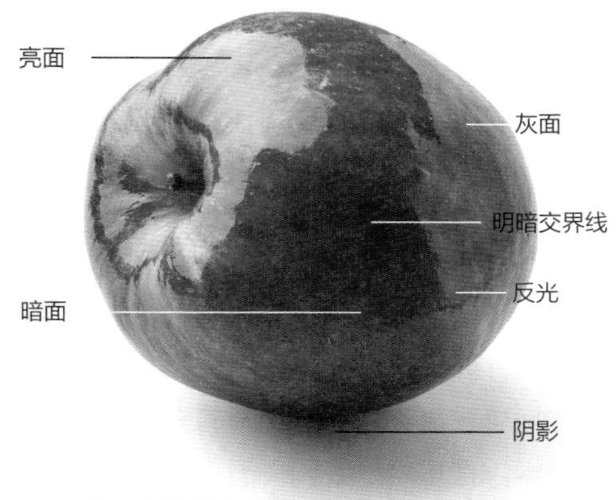

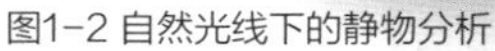
图1-2 自然光线下的静物分析

图1-3 铅笔素描静物

4铅笔素描石膏像静物

美术的范围非常广泛。从大的方面说，它可以大体分成观赏性艺术和实用性艺术两种类型。 从观赏性艺术来讲，它主要包括绘画和雕塑两大类。而绘画，由于它使用的物质材料和工具不同，又可分成中国画、油画、水彩画、水粉画、版画、素描等画种。雕塑也有圆雕和浮雕等多种形式，所用材料则有石、木、泥、石膏、青铜等。

实用性艺术

实用性艺术同样包括两大类：工艺美术和建筑。中国国内外对工艺美术这个概念的理解虽有不同的看法，但按照通常的说法，工艺美术包括了传统手工艺品、现代工业美术和商业美术三大部分。传统手工艺品如玉雕、象牙雕刻、漆器、金属工艺品等；现代工业美术（或称“工业设计”）包括一切为满足人民日益增长的物质生活

图1-5 水粉色彩静物

图1-6 水粉色彩静物

和精神生活需要的适用而美观的生活用品（如花布、陶瓷、玻璃器皿、家具、地毯、家用电器等），以及现代化的交通工具和机械的造型和色彩设计；现代商业美术主要是指商品标志、包装装潢和商业广告等。建筑之所以也属于美术的范围，那是由建筑本身所包含的技术科学和艺术的两重性所决定的。任何一座建筑物总是以具有某种空间形体的物质结构矗立在大地上的，这就必然有一个造型是否美观的问题。从这个意义上讲，建筑和雕塑一样是一种非常具体的造型艺术。

1.1.2 手绘造型基础常识

美术

通常指绘画、雕塑、工艺美术、建筑艺术等在空间开展的、表态的、诉之于人们视觉的一种艺术。17世纪欧洲开始使用这一名称时，泛指具有美学意义的绘画、雕刻、文学、音乐等。我国“五四运动”前后开始普遍应用这一名词时，也具有相当于整个艺术的涵义。例如鲁迅在一九一三年解释“美术”一词时写道：“美术为词……译自英之爱忒。爱忒云者，原出希腊，其谊为艺。”随后不久，我国另以“艺术”，一词翻译“爱忒”，“美术”一词便成为专指绘画等视觉艺术的名称了。

三度空间

指由长度（左右）、高度（上下）、深度（纵深）三个因素构成的立体空间。绘画中，为真实地再现物象，必须在平面上表现出三度空间的立体和纵深效果。

质感

绘画、雕塑等造型艺术通过不同的表现手法，在作品中表现出各种物体所具有的特质，如丝绸、陶瓷、玻璃器皿、肌肤、水、石等物的轻重、软硬、糙滑等各种不同的质地特征，给人们以真实感和美感。

图1-7 油画色彩静物

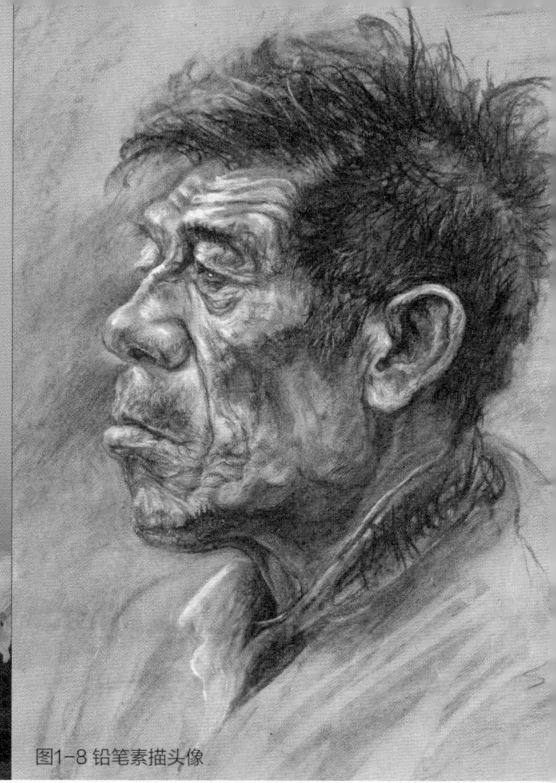

图1-8 铅笔素描头像

量感

借助明暗、色彩、线条等造型因素，表达出物体的轻重、厚薄、大小、多少等感觉。如山石的凝重、风烟的轻逸等。绘画中表现实在的物体都要求传达出对象所特有的分量和实在感。运用量的对比关系，可产生多样统一的效果。

空间感

在绘画中，依照几何透视和空气透视的原理，描绘出物体之间的远近、层次、穿插等关系，使之在平面的绘画上传达出有深度的立体的空间感觉。正确地运用透视知识，可以很好地表现空间感。

体积感

指在绘画平面上所表现的可视物体能够给人以一种占有三度空间的立体感觉。在绘画上，任何可视物体都是由物体本身的结构所决定和由不同方向、角度的块面所组成的。因此，在绘画上把握被画物的结构特征和分析其体面关系，是达到体积感的必要步骤。

明暗

指画中物体受光、背光和反光部分的明暗度变化以及对这种变化的表现方法。物体在光线照射下出现三种明暗状态，称三大面，即：亮面、中间面、暗面。三大面光色明暗一般又显现为五个基本层次，即五调子: ①亮面一直接受光部分；②灰面一中间面，半明半暗；③明暗交界线一亮部与暗部转折交界的地方；④暗面一背光部分；⑤反光一暗面受周围反光的影响而产生的暗中透亮部分。

图1-9 水粉色彩头像　图1-10 油画色彩头像

依照明暗层次来描绘物象，一直是西方绘画的基本方法。文艺复兴时期瓦萨里在其《美术家列传》中就曾论述："作画时，画好轮廓后，打上阴影，大略分出明暗，然后在暗部又仔细作出明暗的表现，亮部亦然。"欧洲画家中伦勃朗是擅长明暗法技巧的大师。

轮廓

指界定表现对象形体范围的边缘线。在绘画和雕塑中，轮廓的正确与否，对作品的成败至关重要。

构图

指作品中艺术形象的结构配置方法。它是造型艺术表达作品思想内容并获得艺术感染力的重要手段。

色彩

绘画的重要因素之一。它是各种物体不同程度地吸收和反射光量，作用于人的视觉所显现出的一种复杂现象。由于物体质地不同，和对各种色光的吸收和反射的程度不同，使世间万物形成千变万化的色彩。人眼可以识别的色彩种类是，男人130万种，女人180万种。

色相

色彩可呈现出来的质地面貌。自然界中各种不同的色相是无限丰富的，如紫红、银灰、橙黄等。

色度

指颜色本身固有的明度。七种基本色相中，紫色色度最深暗，黄色色度最明亮。色度亦称调子。在一定的色相和明度的光源色的照射下，物体表面笼罩在一种统一的色彩倾向和色彩氛围之中，这种统一的氛围就是色度。

笔触

指作画过程中画笔接触画面时所留下的痕迹。笔触虽为一种技术因素，但也传达出画者的艺术个性和修养，因而其也是画家艺术风格的一个组成部分。

1.1.3 手绘工具材料及其性能

图板

图板是手绘效果图表现技法中最基本的工具之一，一般用硬度适中、干燥平坦的矩形木板制成。图板的两端为直硬木，以防图板弯曲和利于导边。图板的短边称为工作边，而面板称为工作面。

可根据所绘图纸的尺寸大小来选择相应尺寸的图板，通常尺寸以600（750）mm×900mm 和750mm×1050mm 两种较为实用。图板在使用时要注意爱护，平时应保持图板的整洁，避免在图板的工作面上刻画，并防止因水侵、重压、暴晒而引起的变形，尤其是左导边，应注意保持平直，以确保丁字尺在上面的平滑移动，并能完好地画出水平线。

纸张

马克笔绘制表现图的纸张非常重要，取决于纸张的吸水(酒精)性能，使用不同的纸张可表现出不同的艺术效果。根据马克笔的特点，多使用A3、A4的图纸绘制。

素描纸：纸面略粗，吸水性能较强，宜表现干湿结合画法。

卡纸：表面光滑，吸水性能差，颜色大多留在纸面上，容易保持色泽纯度，画面鲜亮，宜采用干画法。

硫酸纸：表面光滑，耐水性差，沾水会起皱，质地透明，易拷贝。色彩可以在纸的正反面涂，以达到特殊的效果，完成后须装裱在白纸上，适合采用油性马克笔作画。

透明直尺

初学者往往徒手很难控制粗细均匀及挺直的线条，绘制一些较长的线条时，也会扭曲、无力。使用透明直尺不但可以使线条均匀、挺直，而且可以使作图达到良好的效果。

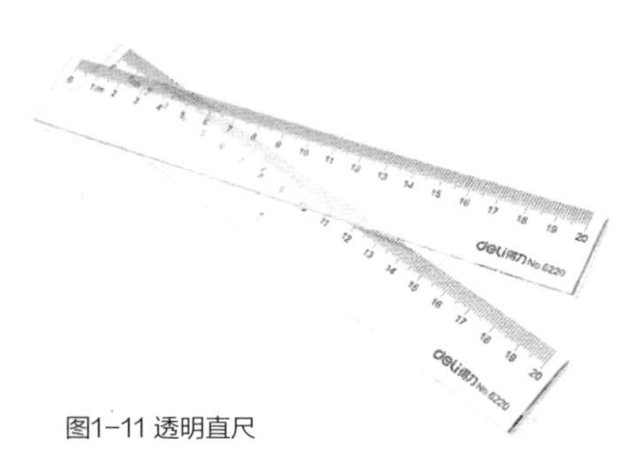

图1-11 透明直尺

鸭舌自动铅笔

绘图铅笔的种类很多，一般根据铅芯的软硬不同，可将绘图铅笔划分成不同的等级。铅笔铅芯标号共13种，从6H~H、HB、B~6B，按H到B的顺序铅芯由硬到软。“B”表示较软而浓，“H”表示轻淡而硬，“HB”表示软硬适中。制图中常用H、HB、B等铅笔，可根据图线的粗细不同来选用。一般2B以上的较软绘图铅笔用于绘制方案徒手草图。在绘制底稿时，一般用HB或H铅笔，描黑时，一般选用B或2B铅笔。除了用上述绘图铅笔外，也可以用活动铅笔作稿线等，一般活动铅笔的铅芯有0.5mm、0.7mm和0.9mm三种规格，硬度多为HB。

图1-12 鸭舌自动铅笔

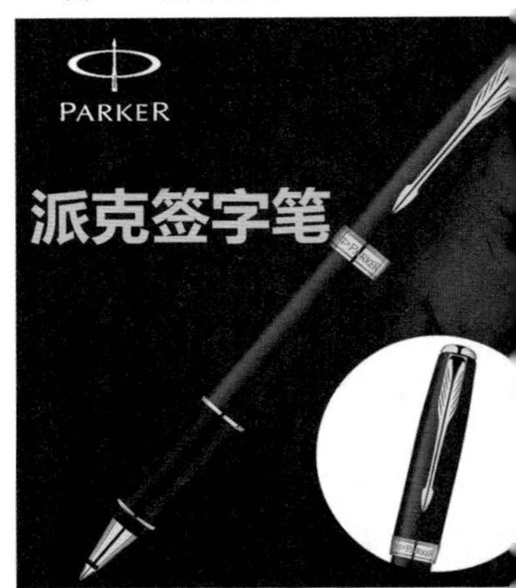

图1-13 签字笔

签字笔

签字笔又称绘图笔，其笔尖是一个锥形的金属管，笔尖质坚有圆珠，由于受笔尖宽度的限制，不能像铅笔侧锋那样画出浓淡不同的影调变化。所以主要通过对线条的排列、叠加、疏密、曲直、粗细等组合产生不同的表现效果；由于线条的叠加、方向、长短不同，排列组合后在纸面上产生强烈的黑白对比效果，给人以丰富的视觉印象，从而达到表现不同对象的目的。其绘制的线条平整、流畅、细腻，用其绘制的作品细致耐看，极显灵秀。

针管笔

用针管笔作画，要求表现物体结构严谨、透视准确，以线条明朗为基础。绘制线条，则以针管笔或钢笔为常见。针管笔型号齐全，市场上出售各类针管笔，种类如下。

① 国产针管笔：价格低廉，造型简单，型号较少。

② 进口针管笔：较好使用，制造精致，型号齐全，书写自如，但需要使用专用墨水，且价格较贵。

③ 合资针管笔：集进口针管笔制造精致、型号齐全等优点，价格适中，是目前使用最广泛的一类针管笔。

图1-14 樱花牌针管笔

图1-15 日本百乐 DPN-70钢笔与百乐 ink钢笔墨水

马克笔

马克笔（亦称“麦克笔”）是各类专业手绘表现中最常用的画具之一，具有使用的方便性和速干性的特点，很大程度上可以提高作画的速度，如今它已经成为室内设计、景观园林设计、服装设计、建筑设计、造型设计等领域所必备的工具之一。马克笔的种类很多，在这里只介绍主要的两种，即水性马克笔和油性马克笔。

(1) 水性马克笔

水性马克笔没有浸透性，遇水即溶，绘画效果与水彩相同，笔尖形状有四方粗头、尖头，方头适用于画大面积与粗线条，尖头适用于画细线和细部刻画。水性马克笔的特点是色彩鲜亮且笔触界限明晰，和水彩笔结合使用又有淡彩的效果，有些水性马克笔干掉以后会耐水。缺点是重叠笔触会造成画面脏乱、洇纸等。

在练习阶段一般选择价格相对便宜的水性马克笔。水性马克笔大约有60多种颜色，还可以单支选购。在购买时，根据个人情况最好储备20种以上，并以灰色调为首选（冷灰、暖灰各4支），不要选择过多艳丽的颜色。

(2) 油性马克笔

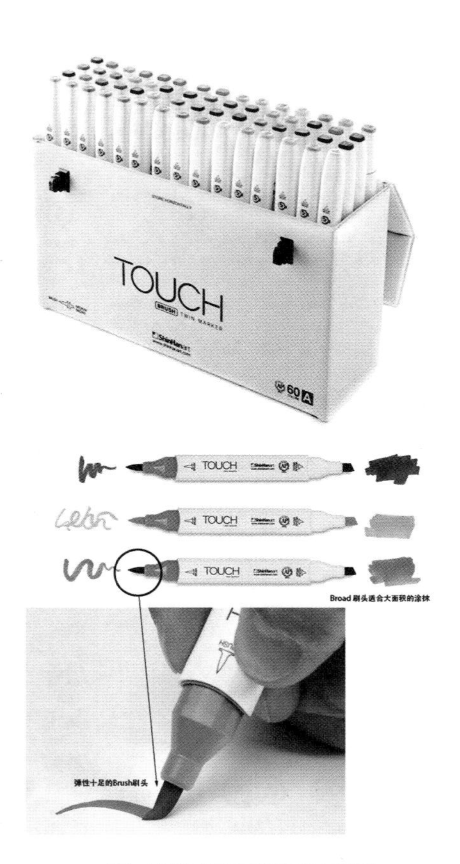

图1-16 韩国TOUCH油性马克笔

油性马克笔具有浸透性，挥发较快，通常用甲苯稀释，有较强的渗透力，尤其适合在描图纸（硫酸纸）上作图。它能在任何表面上使用，在玻璃、塑胶表面等都可附着，具有广告颜色及印刷色效果。由于其不溶于水，所以也可与水性马克笔混合使用，而不破坏水性马

1216030

TOUCH TWIN 60 BRUSH MARKER SET [A]

Contents: 60 x markers

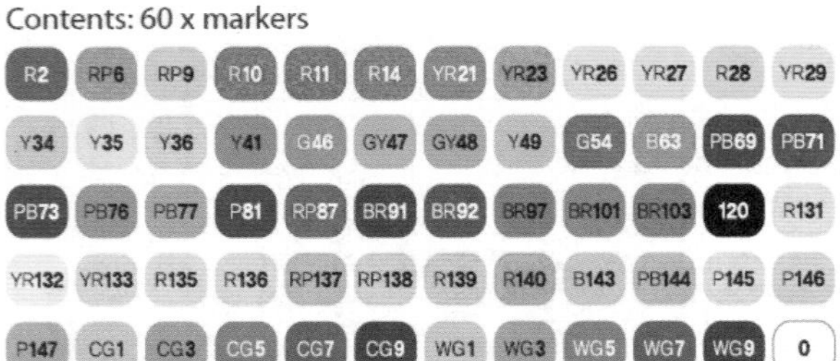

1216031

TOUCH TWIN 60 BRUSH MARKER SET [B]

Contents: 60 x markers

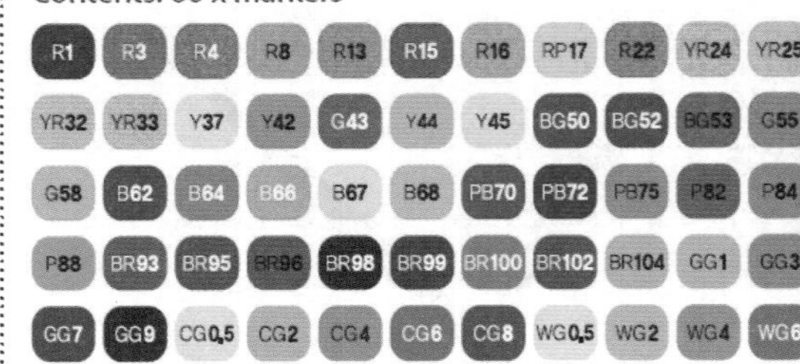

图1-17 韩国TOUCH马克笔色彩型号图谱

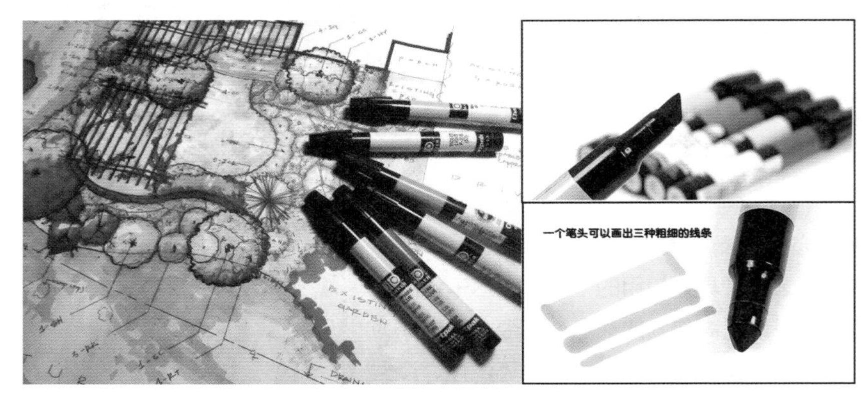

图1-18 美国AD油性马克笔

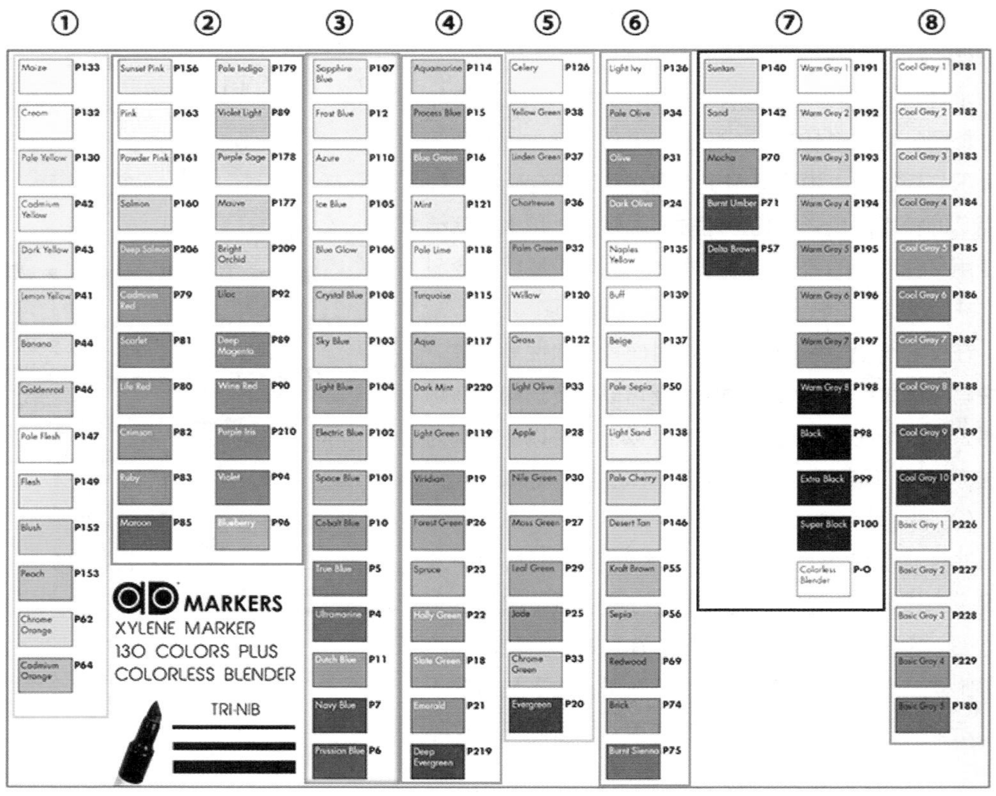

图1-19 美国AD马克笔色彩型号图谱

克笔的痕迹。 油性马克笔的特点是颜色品种丰富齐全、着色简便、笔触叠加后色彩变化丰富，而且快干，耐水、耐光性好，书写流利。油性马克笔的缺点是难以驾驭，需要多加练习。根据马克笔的性质，油性和水性的浸透情况不同，因此在作画时，必须仔细了解纸与笔的性质，相互照应，多加练习，才能得心应手，有显著的效果。

图1-20 德国辉柏嘉Faber-Castell 120色水溶彩色铅笔

水溶性彩色铅笔

彩色铅笔在手绘表现中起了很重要的作用。无论是对概念方案、草图绘制还是成品效果图，它都不失为一种既操作简便又效果突出的优秀画具。彩色铅笔也分为可溶性彩色铅笔（可溶于水）和不溶性彩色铅笔。可以选购从18 色至72 色之间的任意类型和品牌的彩色铅笔。可溶性彩色铅笔不沾水时与不溶于水的彩色铅笔效果相同，用沾水的可溶性彩色铅笔可在纸面上涂抹出水彩一样的效果，色彩亮丽、柔和。

水溶彩铅依附于马克笔运用，彩色铅笔质地软，上色均匀、细腻，可以很好地弥补马克笔笔触过硬的不足。

高光笔

美术类高光笔是在美术创作中提高画面局部亮度的好工具。

高光笔的覆盖力强，在描绘水纹、玻璃、金属、灯光等材质时尤为必要，适度地给以高光会使画面生动、逼真。高光笔需要使用的地方大部分是为了表现高光和物体光泽，但是应注意，高光笔涂过的地方，马克笔就不容易画上去。

高光笔的构造原理类似于普通修正液，笔尖为一个内置弹性的塑料或金属细针。

产地：日本	特别说明：
型号：CLP	可用于任何纸张，可涂改细字，修正液不含三氯乙烷有毒性物质，不损健康，用料配合环保及工业安全标准。笔嘴用后自动封闭，没有旧款修正液挥发之麻烦。
重量：23g	
包装：12支一盒	
材质：塑料笔身	
售价：	
尺寸：长140mm	CLP-300修正笔是金属笔嘴
颜色：白色	CLP-80修正笔是塑料笔嘴

图1-21 日本三菱Uni高光笔

图1-22 建筑大师 Frank Gehry

1.1.4 手绘表现简述

手绘效果图表现技法的概念

手绘效果图表现技法是有关室内、室外表现图的绘制方法和技巧，它是一种描绘近似真实空间的绘画，是一种可通过图像（图形）来表现室内外空间环境、设计思想和设计概念的视觉传递技术。因此，有关此类表现图的绘制方法，就是室内外空间环境设计效果图的表现技法。

手绘效果图的发展历史

在不同的时期或不同的范围，效果图有多种称谓，如设计渲染图、建筑画、建筑表现等。随着社会的进步与发展，其范畴不断扩大，手绘表现更为人们所接受。效果图最初是画家或工匠们手里的设计草图。这些草图是受使用者授意影响而设计的建筑或室内装饰图。早期的效果图是用蘸水笔画在羊皮纸上，或用钢针刻画在铜板上，经腐蚀处理绘制成铜版画。到16世纪时，出现了在纸张上作图的水彩颜料，使效果表现图在表现形式上得到扩展，并且在欧洲得到迅速的普及。这种传统方法一直持续到今天，成为建筑设计、环境艺术设计、室内设计、园林景观设计、工业设计等专业所必修的专业基础课程。

手绘效果图的作用

手绘效果图是一种能够形象而直观地表达室内、室外空间结构关系，营造空间氛围，具有很强的观赏性和艺术感染力的设计表达。它在工程的设计投标与设计方案的最终确定中往往起到很重要的作用。

图1-23 荷兰国际办公大楼实景及手绘草图

手绘效果图的意义

① 设计师创作思想的形象化体现，设计的价值不仅体现在被创作物的实际使用功能与经济价值方面，还体现在其文化与艺术方面。

② 设计数据的具体化与直观化。

③ 空间环境的艺术化。

④ 设计师实现设计理念的依据。

手绘效果图的表现原则

真实性原则

效果图的表现必须符合设计环境的客观真实。

科学性原则

为了保证效果图的真实性，避免在效果图的绘制过程中出现随意或曲解，必须按照科学的态度对待画面表现上的每一个环节。

艺术性原则

具有高超艺术性表达的效果图作品不仅吸引人，同样也能成为一件赏心悦目具有艺术品味的绘画艺术作品，因此，许多优秀的效果图作品成为艺术的经典。

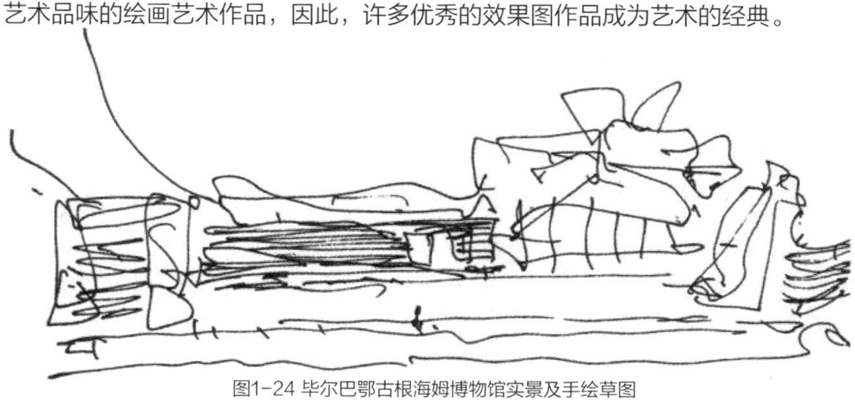

图1-24 毕尔巴鄂古根海姆博物馆实景及手绘草图

任务1.2 简易透视基础探究

任务目标

通过学习，掌握以下知识或方法：

□ 了解透视的形成及基本术语。

□ 掌握一点透视（平行透视）、两点透视（成角透视）、室外两点透视、三点透视（多点透视）的绘图原理及应用。

任务描述

任务内容

在掌握手绘设计造型的基础上，学会透视在线稿绘制中的应用。

实施条件

画板、100gA3复印纸、签字笔、铅笔、钢笔。

1.2.1 透视的形成

图1-25 文艺复兴时期画家对透视的研究（德加 手稿）

透视是用线条或色彩在平面上表现立体空间的方法。透视学作为一门独立的学科，始于文艺复兴时期，那时的人们称之为远近短缩法。经过几代人的科学研究，终于使人类能够突破长期以来只能单纯地依靠视觉器官去获取印象和积累经验状况的束缚，借助于对规律的认识与把握，使造型能力发生质变，于是它成了文艺复兴时期所有造型艺术家所必须学习的两门学科（透视学、解剖学）之一。

今天的透视学比文艺复兴时期的透视学已经前进了许多，但是由于没能摆脱几百年前那种思维方式的影响，只注重研究作图方法，忽视了对其理论系统的建设，致使长期以来，一直存在这样一种矛盾：一方面虽能对有些复杂的问题作出解答，而另一方面却无法改变人们对透视学的感觉——繁琐、枯燥、难学、难懂，以至于怕学的状况。

图1-26 文艺复兴时期画家利用透视的光影投影进行绘画（德加 手稿）

知识延伸

古希腊大学者阿那克沙戈拉（Anaxagoras，约公元前500—428年）对当时一位叫阿格塔丘斯（Agatharchos）的画家的一幅符合焦点透视原理的舞台幕景所作的作品分析；以及那时希腊两个主要绘画中心之一的“昔克翁画院”，在传授绘画技法理论和规则时，已将透视学和数学作为必修课。

1435年，著名的建筑师兼画师列昂·巴蒂斯塔·阿尔伯蒂（文艺复兴时期四大建筑艺术的灵魂之一）和翁布里亚画派的代表人物比埃罗·德拉·弗朗西斯卡两人专门著述了《绘画论》。1485年，《绘画透视学》的面世使绘画透视学成为一套完整的理论体系。

透视的概念

当人们观察景物时，由于站立位置的高低，注视方向及距离的远近等因素不同，景物的形象常常与原来的实际状态也有不同的变化。

同样高的房子离得越远，看上去越矮；同样宽的道路离得越远越窄；正方形或长方形看上去变成了梯形；这种现象称为透视现象。

人站在窗前不动，闭上一只眼睛，把透过窗玻璃见到的物象，依样描画在窗玻璃上，描画出来的图形称为该物象的透视形。这个透视

图1-27 透视规律在工业绘画中的应用

图1-28 透视规律在工业绘画中的应用

形和所看到的景物一样具有立体感和距离感。

“透视”一词的含意，就是透过透明的平面来观察物体，从它们的形状变化中去发现规律。

透视现象产生的原因

同样高的树，距离观察者近，树两端光线射入观察者眼睛的夹角就大，则看起来就高、就大；离观察者远，则就小，看起来就矮、就小。物体两端点进入人眼视线的夹角称为视角，即为景物上任意两点光线射入人眼的夹角。因此，视角大，看着就大；视角小，看着就小。因此，观看物体的长短（大小）与物体的高（大）及距离远近有关。

透视三要素

画透视图，必须具备三个条件，即所谓的透视三要素。

（1）物体

即画什么物体，物体的形状结构、大小尺寸、安放位置如何等。

（2）视点

即眼睛的位置。必须确定视点的高度、视心线方向，以及视点到物体的距离。

（3）画面

画面是假想的，在观察者面前垂直于视心线的透明的平面。作透视图之前必须先确定画面的位置。

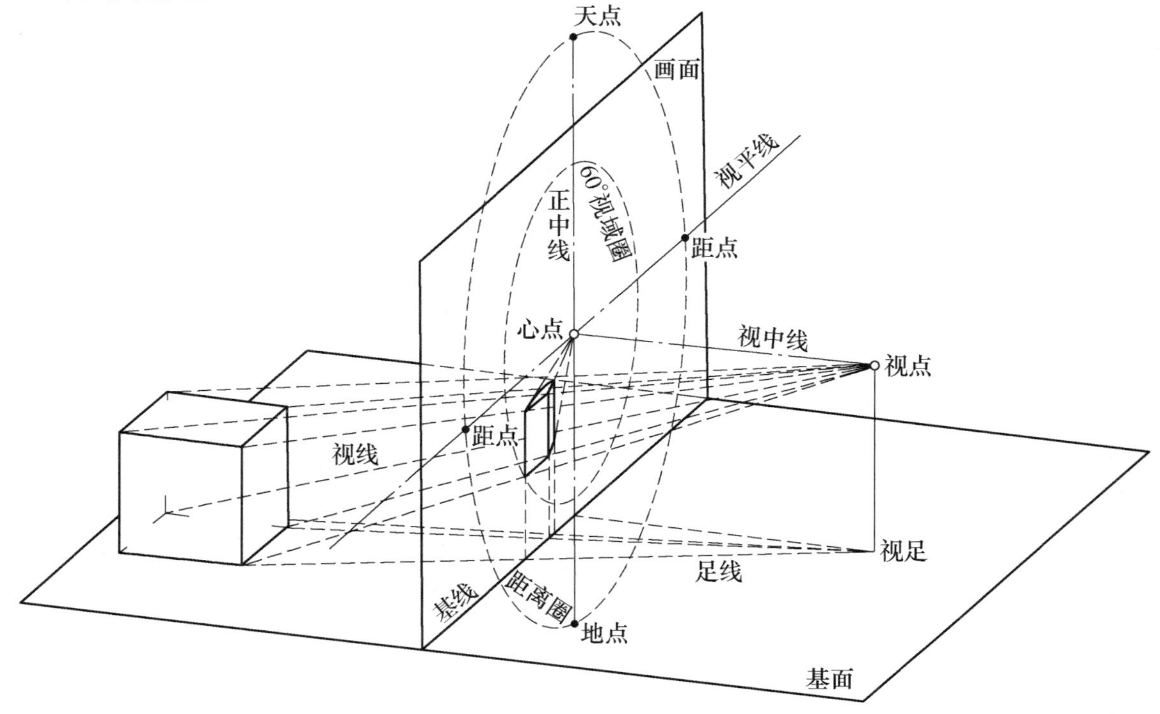

图1-29 透视的形成原理

透视的基本规律

近大远小规律：同样大小（长短）的物体，离观察者近，则透视形就大（长）；离观察者远，则透视形就小（短）。

平行于画面的任何一组相互平行的直线，其透视仍然保持平行；不平行于画面的任何一组相互平行直线，其透视就不再保持平行了，而是越远越靠拢，最后（无穷远点）相交于一点。

透视图的特征

① 近小远大。

② 不平行于画面而相互平行的直线的透视越远越相互靠拢，到无穷远时消失于一点（即灭点）。

灭点：各条平行直线之间的透视距离由近到远逐渐缩短。到无穷远时，其光线夹角等于零，成为一条视线，这条视线与画面只有一个交点，就是它们的灭点。

透视图中的基本术语及其简写

PP（画面） GP（基面） HL（视平线） GL（基线） EP （视点）
SP（站点） CV（视心） VP（灭点） H （视高） 视心线 透视线

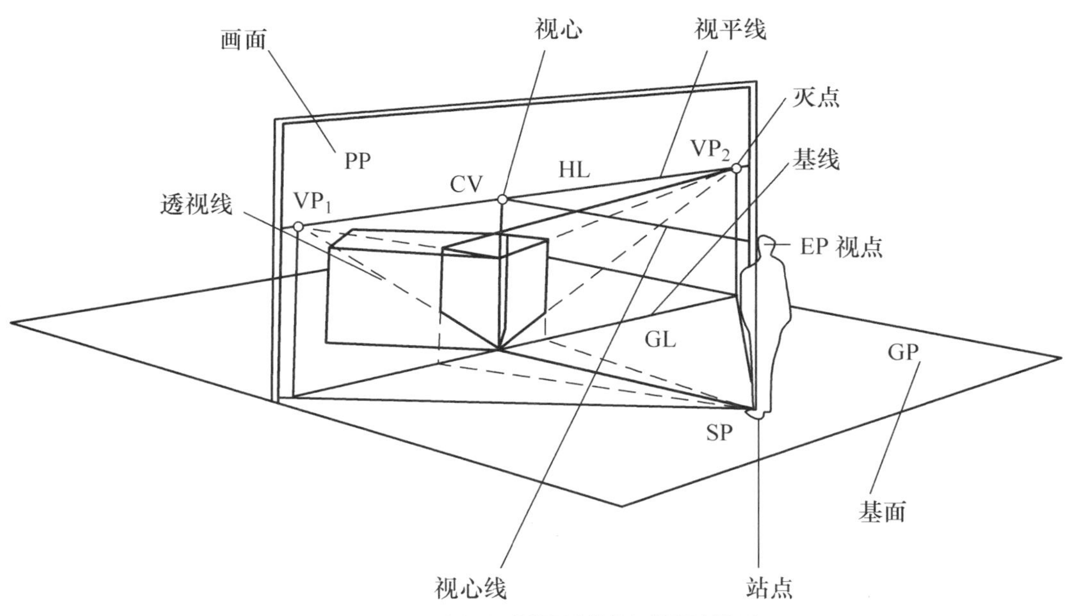

图1-30 透视图中的基本术语及其简写

透视基本术语

基面：放置物体（观察事物）的水平面。

景物：描绘的对象。

视点：画者观察事物时眼睛所在的位置。

站点：从视点作铅垂线与基面的交点。

视高：视点到基面的垂直距离。

画面：透视学中为了把一切立体的物体都容纳在一个平面上，在人眼注视方向假设有一块大无边际的透明板，这个假设的透明平面就叫作画面。

基线：画面与基面的交线。

视线：从物体上反射入眼底的光线。

1.2.2 透视的分类

一点透视（平行透视）

一点透视又称平行透视，它是有两组主向轮廓线与画面平行，而且只有一个灭点的透视。

平行透视的正平行六面体有两个面与画面平行，由于远近不同，距画面近的正方形的边，长于距画面远的正方形的边。

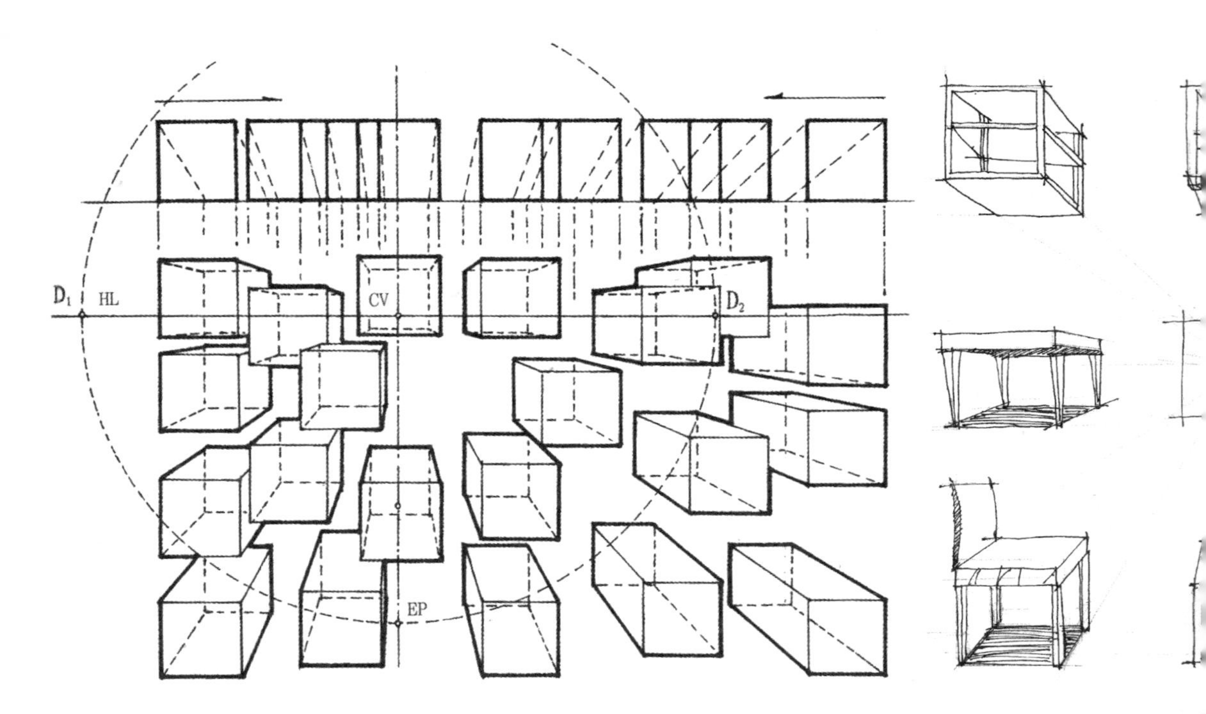

图1-31 一点透视不同角度的形成原理

图1-32 一点透视实物手绘表现

两点透视（成角透视）

两点透视又称成角透视，它是物体与画面形成一定的角度，物体的各个平行面朝不同的两个方向消失在视平线上，画面上有左右两个灭点。

特点：两点透视画面效果自由活泼，能反映出建筑体的正、侧两面，容易表现建筑的体积感，在建筑室外图中应用最为广泛。

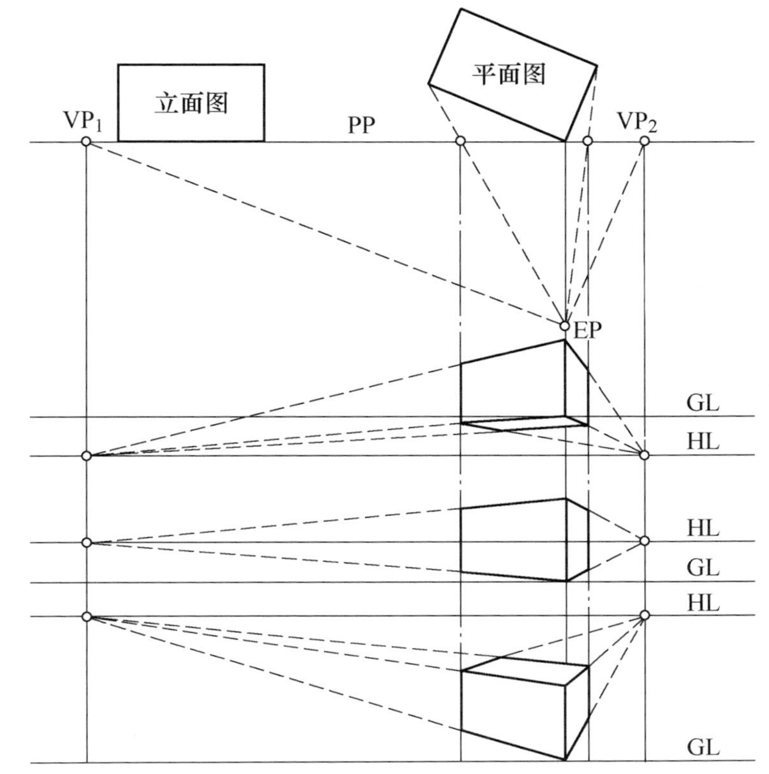

图1-33 两点透视不同角度的形成原理

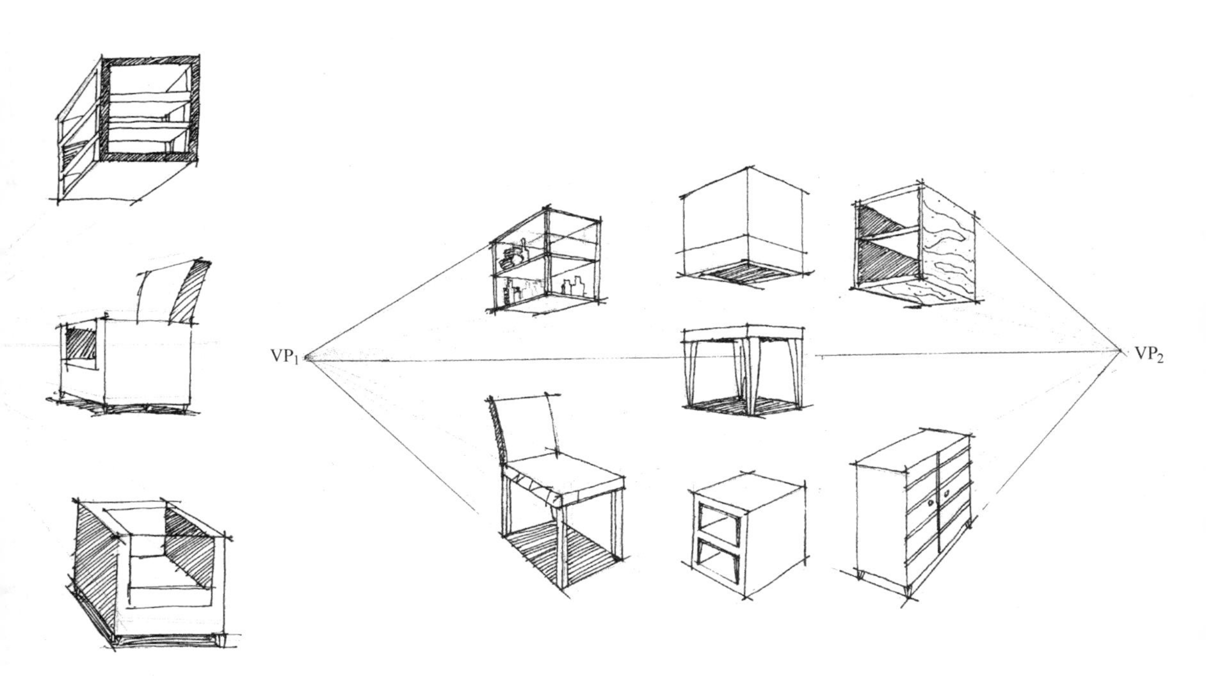

图1-34 两点透视实物手绘表现

室外建筑两点透视

室外建筑表现图多采用两点透视，应把握建筑特点选择合适的角度作图。

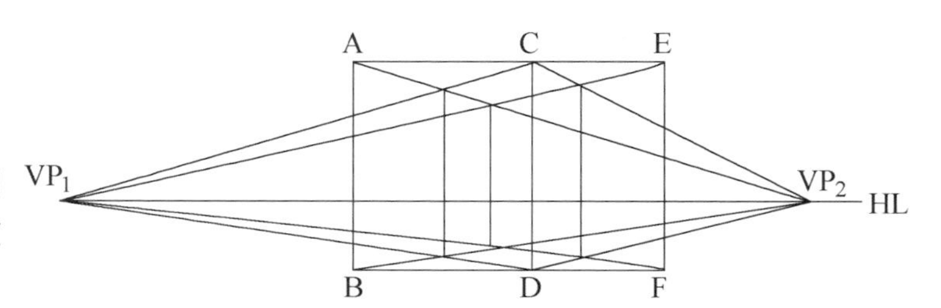

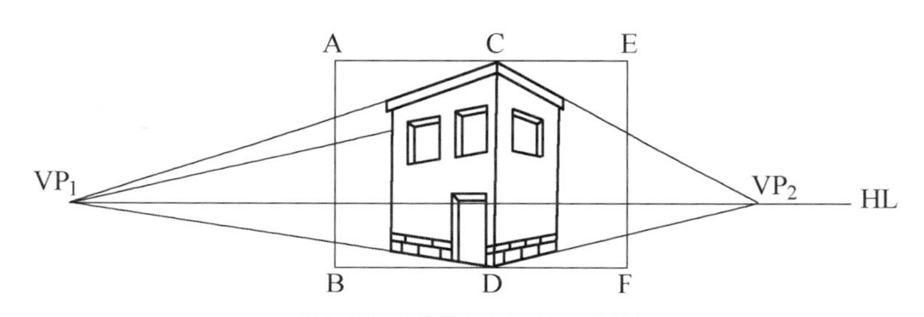

图1-35 两点透视在室外建筑中的绘制

三点透视

一个立方体（物体）不平行于画面，也不平行于基面（地面），而且有三组边线分别消失于左、右灭点和垂直灭点的透视图法称为三点透视。三点透视适用于表现超高层建筑的俯视图或仰视图。

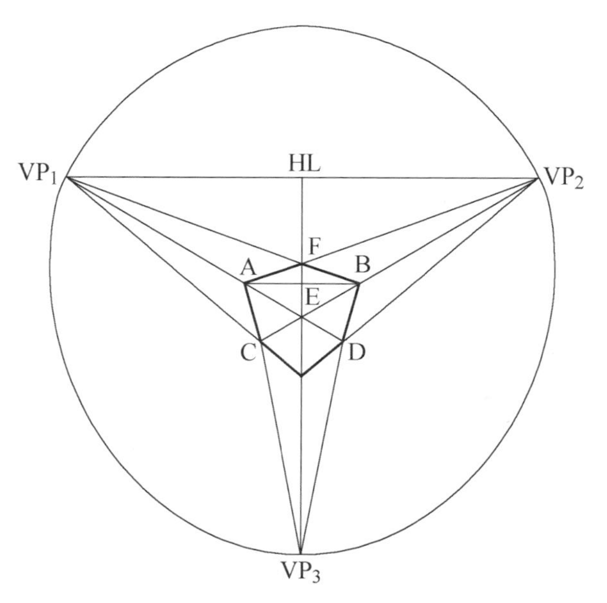

图1-36 三点透视形成原理

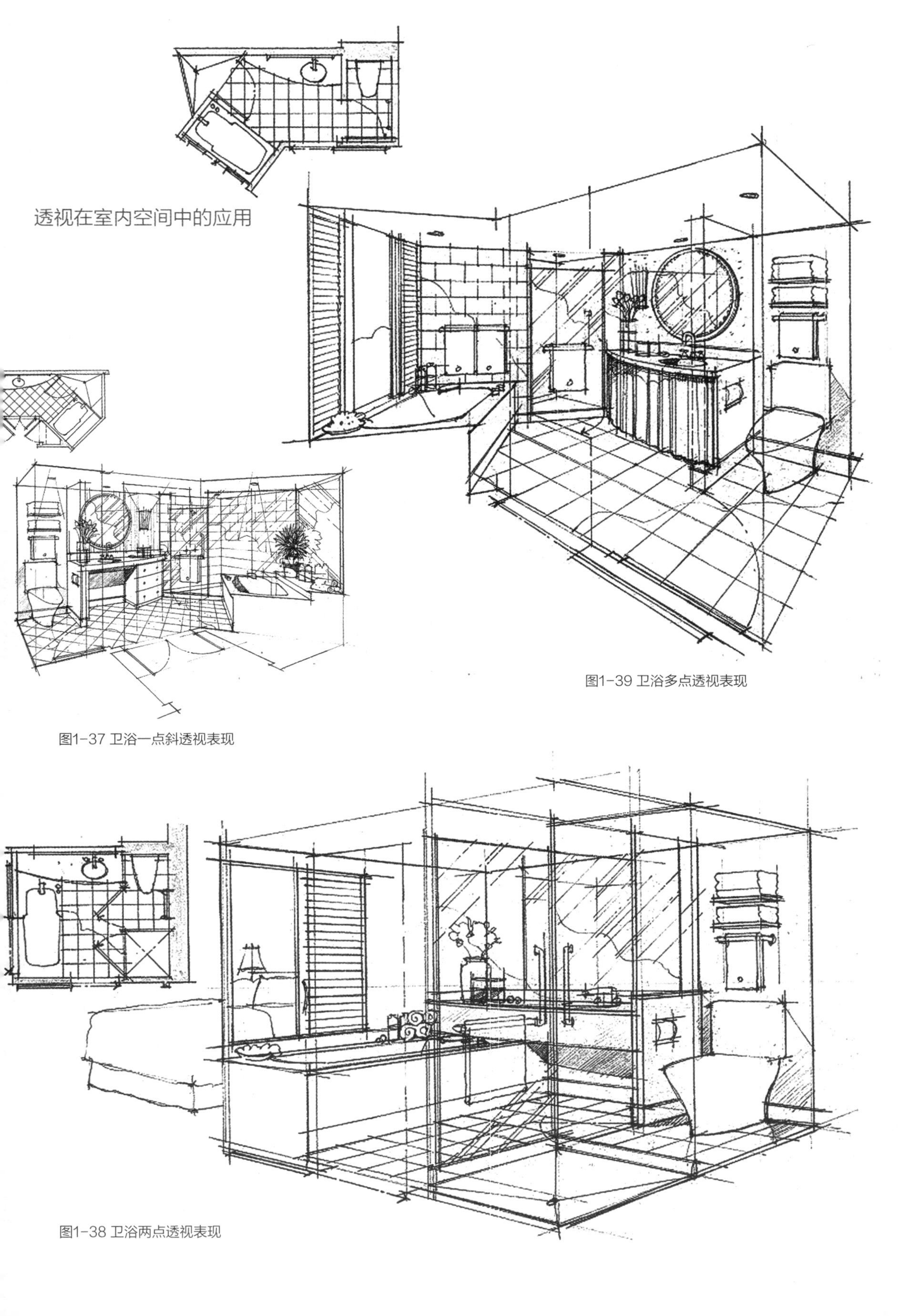

透视在室内空间中的应用

图1-39 卫浴多点透视表现

图1-37 卫浴一点斜透视表现

图1-38 卫浴两点透视表现

任务1.3 手绘用线技法与单体线稿

任务目标

通过学习，掌握以下知识或方法：

□ 了解手绘用线的表现特征。

□ 掌握钢笔画手绘用线的方法及其表现技法。

□ 掌握单体绘制的步骤和技法。

任务描述

任务内容

在掌握手绘用线技法的基础上，学会运用线条及透视原理绘制单体线稿。

实施条件

画板、100g A4或A3复印纸、签字笔、钢笔、针管笔。

1.3.1 手绘用线技法

线条的应用是手绘的基础，只有通过大量的练习和积累才能够掌握。线条的流畅运用、形体比例的准确把握和空间感的控制是线条应用的核心。

（1）直线

直线分为尺规绘制和徒手绘制两种。根据内容的需要，可选择两种不同的表现形式。尺规直线会让画面看起来比较挺拔、整洁，容易上色，是初学者使用的方法。徒手直线给人灵动、不死板的感觉，具有较深厚功底的建筑设计师多使用徒手画的方式表达直线。

（2）曲线

手绘表现中的曲线运用是整个画面中不可或缺的元素，运用时要强调曲线的弹性、张力。画曲线时一定要流畅、有力，不可出现中间接线、断线，不能描线。曲线弯曲的方式决定透视的方向，所以运笔前要考虑清楚，这样才能更好地把握好透视。

（3）涂鸦线

涂鸦线在线稿中运用广泛，尤其是钢笔速写中建筑外景树丛的表现运用较多。它给人一种轻松自由、蓬松柔软的感受。涂鸦式线条虽然看似凌乱，但仍隐含着对色调与形体结构的交代，它有着运动的节奏和统一性。

（4）交错线

交错线条的叠加可以用来强化粗糙的表面质感和逐步加深的明

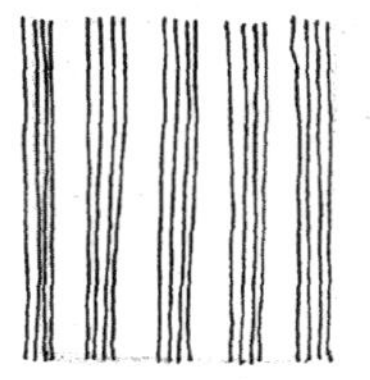
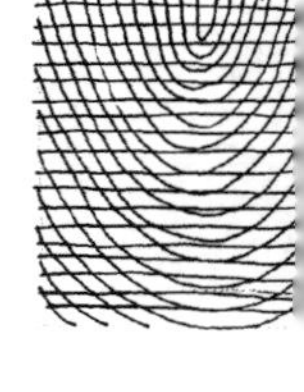

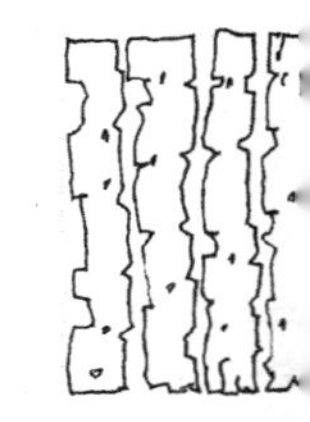

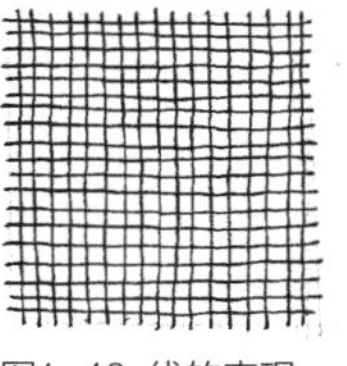

图1-40 线的表现

暗关系。交错线的排列方向能够表现物体表面的起伏和转折，细腻的交错线则能展示出光的环境。

（5）放射线

放射性的线条具有明确的方向性和运动感，放射性线条组成的成组线条，适合用来表现草丛、灌木、皮毛等效果，同时大面积的使用放射性线条可以增加画面的空间动感。

1.3.2 钢笔画表现技法

钢笔画的特点

钢笔画是设计师表达设计意图，体现设计构思、设计方案的重要手段之一。

钢笔画的特点是具有准确的透视，运用概括的艺术手段形成黑白分明、对比强烈的关系。它将观察与感受相结合、写生与创作相结合、结构与空间相结合，运用构图原则，疏密对比、协调统一，体现室内空间和建筑风景。

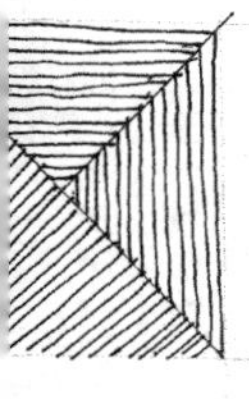

准备材料

绘制线稿（钢笔画稿）主要以美工笔、普通钢笔、针管笔为主。美工笔画出的线条有粗细变化，且富有弹性；普通钢笔画出的线条则挺拔有力；针管笔有多种规格（0.1~1.2mm），适合在光滑的绘图纸和硫酸纸上以点、线作画。

用于绘制钢笔画的纸张，一般以质地坚实、纸纹细腻、纸面光滑、着色不渗为好。多采用绘图纸、铜版纸、白卡纸，也可使用速写纸、复印纸等。不同类型的纸厚薄不同、纹理不同，绘图者可根据个人需要选择合适的纸张。

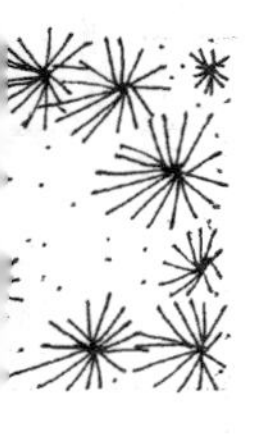

钢笔画的线条表现技巧

钢笔画的重要组成语言是线条和笔触。线条可分为直线、曲线、折线、不规则的线等。直线又有水平、垂直、倾斜之分；曲线有几何曲线和自由曲线。直线给人速度、锐利、整齐的感觉；斜线具有不安定感；曲线具有柔软、轻快、跳跃等特性。因此，线条不仅能很好地表达情感，而且通过线条和笔触的相互组合构成形式，还可用于表现调子、质感、空间等特征。

线条在钢笔画的表现技法中是最为重要的造型因素与表现语言，练习中应注意以下几点：

① 可以从简单的直线线条和曲线线条练习开始。在练习中应注意线条的运笔速度、运笔方向及运笔力量。从运笔速度看，应保持均匀、不宜过快、停顿干脆；从笔运方向看，应遵循从左至右、从上至下的运笔规律；从运笔力量看，应力度适中、保持平稳。

② 通过组合和排列线条来表现空间的明暗与材质质感。直线组合练习要求掌握直

线线条的组合和叠加等形式的绘制方法；曲线组合练习要求掌握曲线线条的叠加、不同形式曲线的组合、点及小圆圈的组合等的绘制方法。

③ 通过线条的粗细变化与疏密排列表达形体的体积感和光影感。线条较粗、排列较密的色块就深，反之则浅。线条的疏密排列能形成由明到暗、由深到浅的效果。

图1-41 欧洲传统小镇 作者：林 琳（钢笔）

钢笔画的表现方法

1. 线描法

线描法是指以勾形为主的单线画法，十分类似国画中的“白描”。这种画的特点是以简洁、明确的线条勾勒形象的基本形态、轮廓，具有清晰、明确的表现特点。

2. 影调法

影调法是通过刻画形象的明暗关系，强调出体积感和空间感的一种画法。它类似于西画中的素描。依靠钢笔线条排列的疏密来表现明暗变化，不仅能表现物体的空间体积，还能刻画形体的质感。

图1-42 都市江畔风情 作者：林 琳（钢笔）

3. 综合法

综合法是将线描法和影调法综合起来运用的一种画法。一般可以用线描法勾勒基本形体结构，再适度以明暗来刻画对象的立体感；也可以在用线描出形象后，通过用水墨块加重阴影或其他暗部，来活跃画面。

钢笔画应注意的问题

① 钢笔画主要是用线条的方式来表现对象的造型、层次以及环境气氛等，并组成画面的全部。

② 由于钢笔画具有难以修改与从局部开始画的特点，因此下笔前要对画面整体的布局与透视、结构关系在心中有一个大概的安排与把握，这样才能保证画面的进行能够按照预期的方向发展。

③ 钢笔画的作画方法很重要。对于有经验的画家而言，钢笔画可以从任何一个局部开始落笔；但对于初学者，最好从视觉最近、最完整的对象入手。因为，最近与最完整对象画好后，其他一切内容的比例、透视关系都可以以此来作为引证参照，所以接下去再描绘画面就不容易出现偏差。

④ 钢笔画表现的对象往往是复杂的，甚至是杂乱无章的，因此要分清画面的主次，大胆概括。

⑤ 要注意线条与表现内容的关系。

⑥ 要研究线条与画面的关系。

1.3.3 单体线稿分步绘制

家具单体

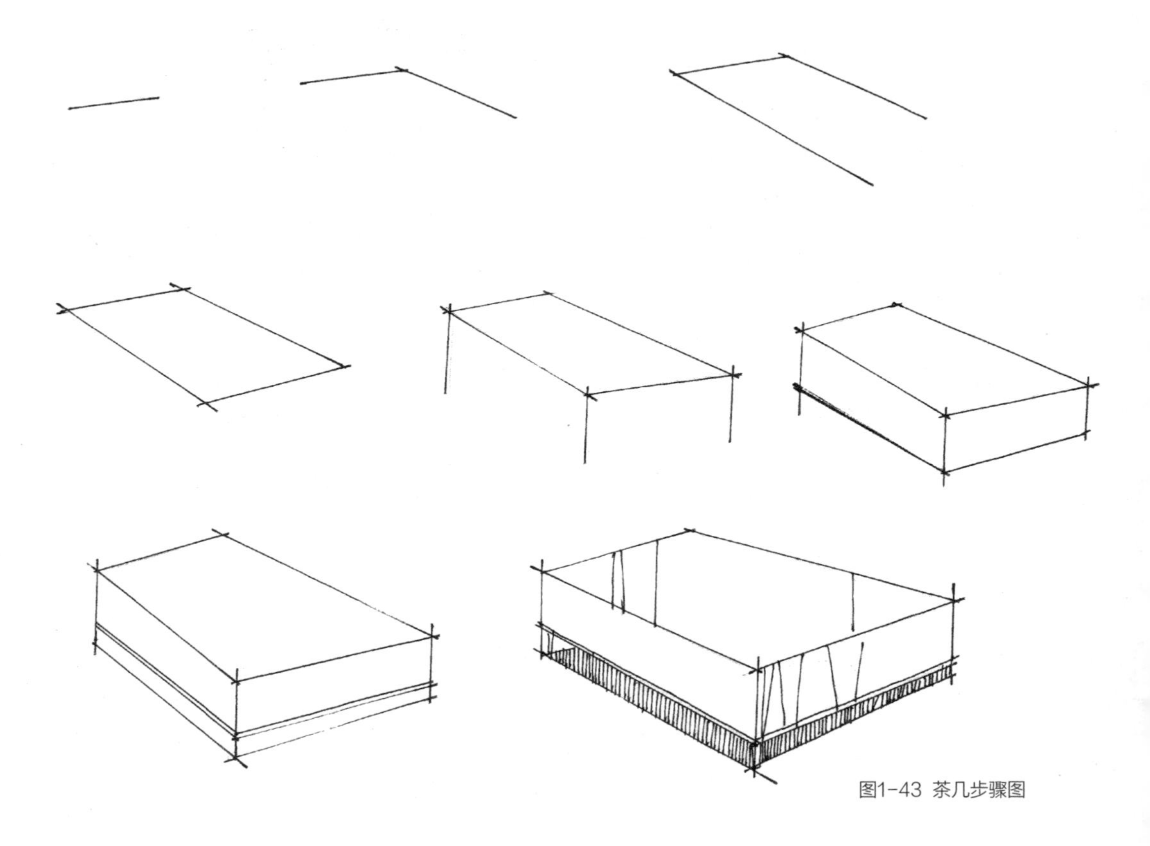

图1-43 茶几步骤图

灯具单体

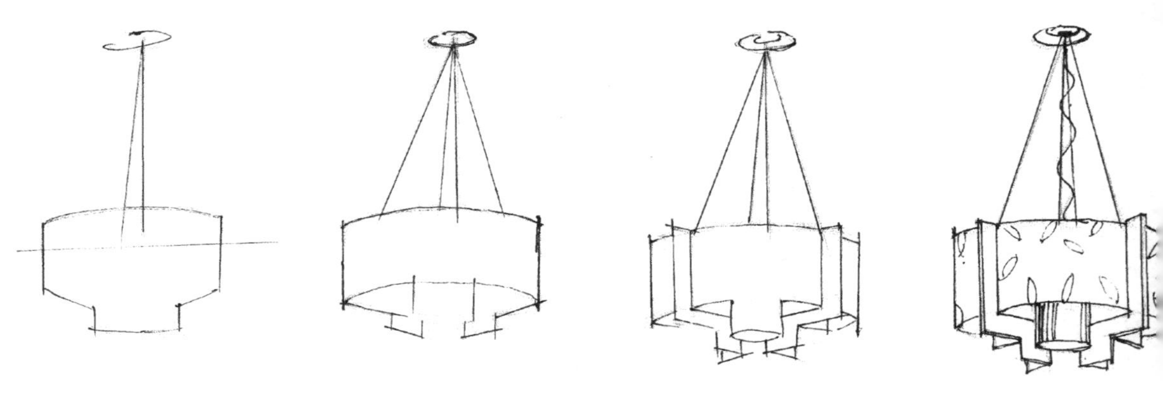

图1-44 灯具步骤图

沙发单体

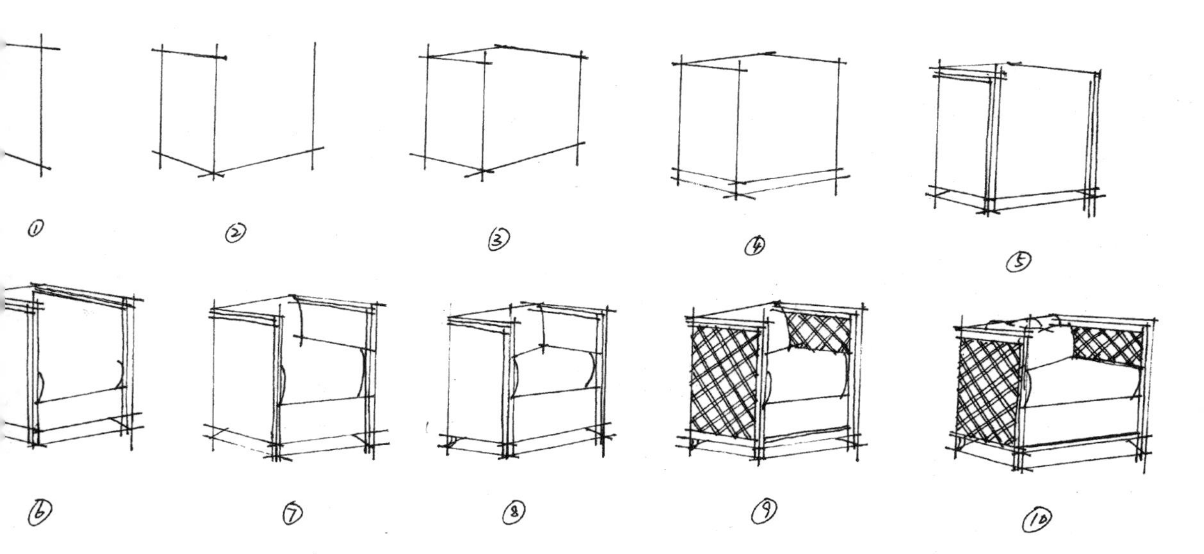

图1-45 沙发椅步骤图

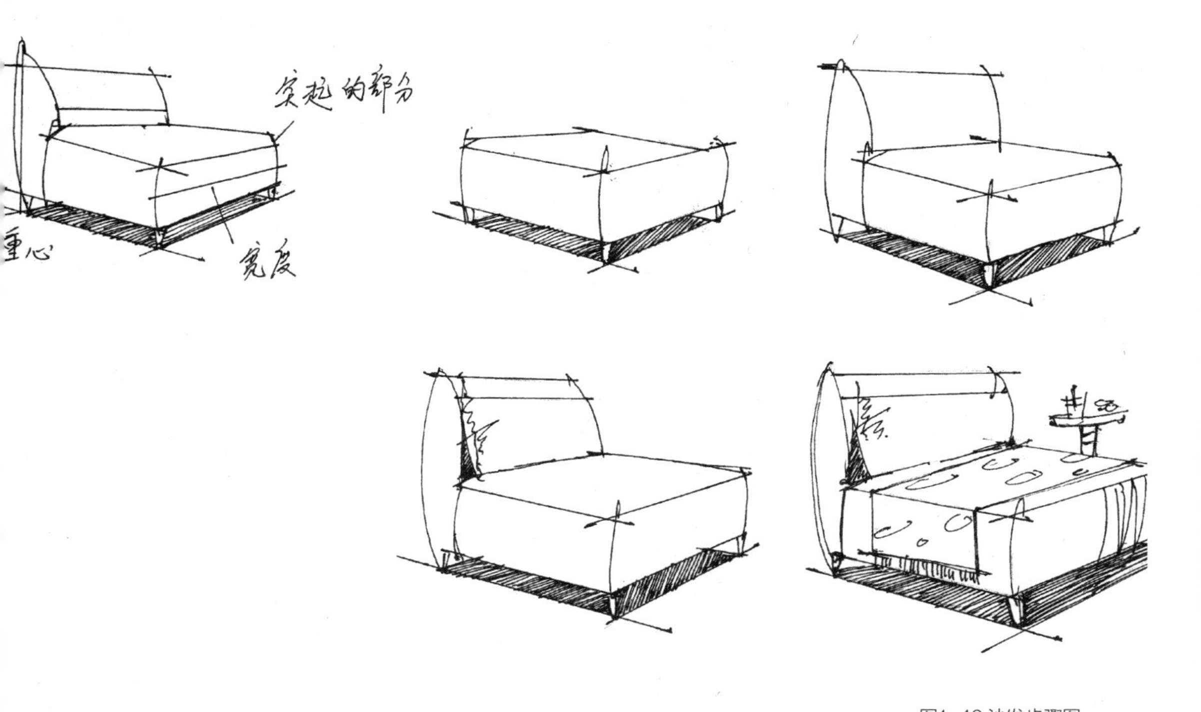

图1-46 沙发步骤图

床柜组合单体

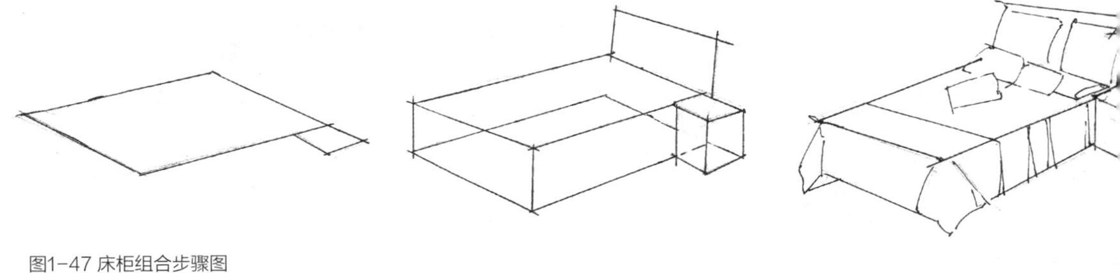

图1-47 床柜组合步骤图

植物单体

图1-48 树的画法分解步骤图1

各类单体练习

抱枕饰物类

抱枕的材料多为麻棉布、丝绸料等材料，表现时线条多采用蓬松的表现手法来表现其质感。为了表现出立体的造型，应在其装饰花纹花式、褶皱及其明暗转折的部位多下功夫进行刻画与表现。

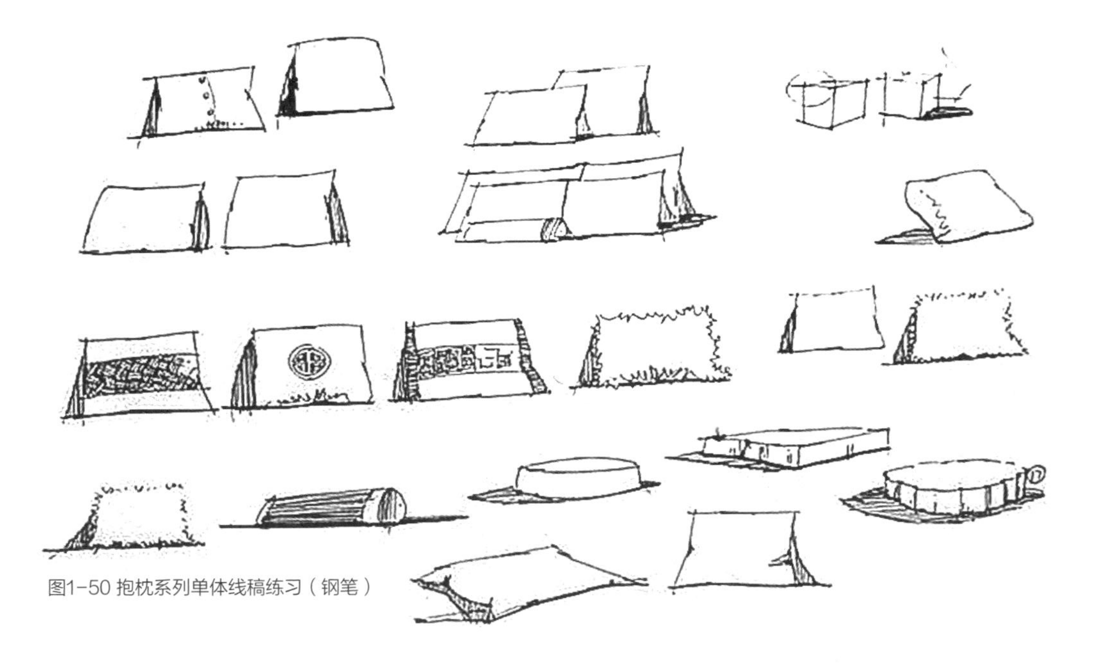

图1-50 抱枕系列单体线稿练习（钢笔）

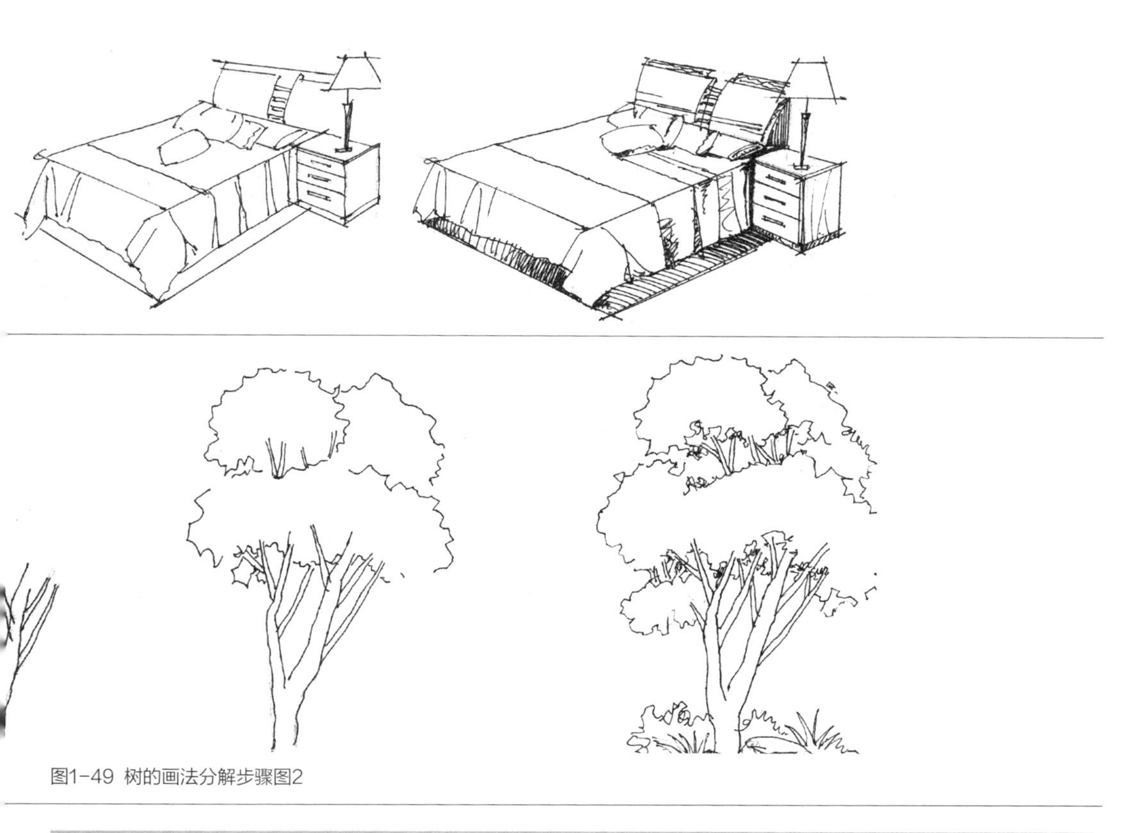

图1-49 树的画法分解步骤图2

家具产品类

家具由材料、结构、外观形式和功能四种因素组成。其中功能是先导，是推动家具发展的动力；结构是主干，是实现功能的基础。这四种因素相互联系，又相互制约。

在表现时应干净利落，线条刚劲有力，并注重材质的表现。

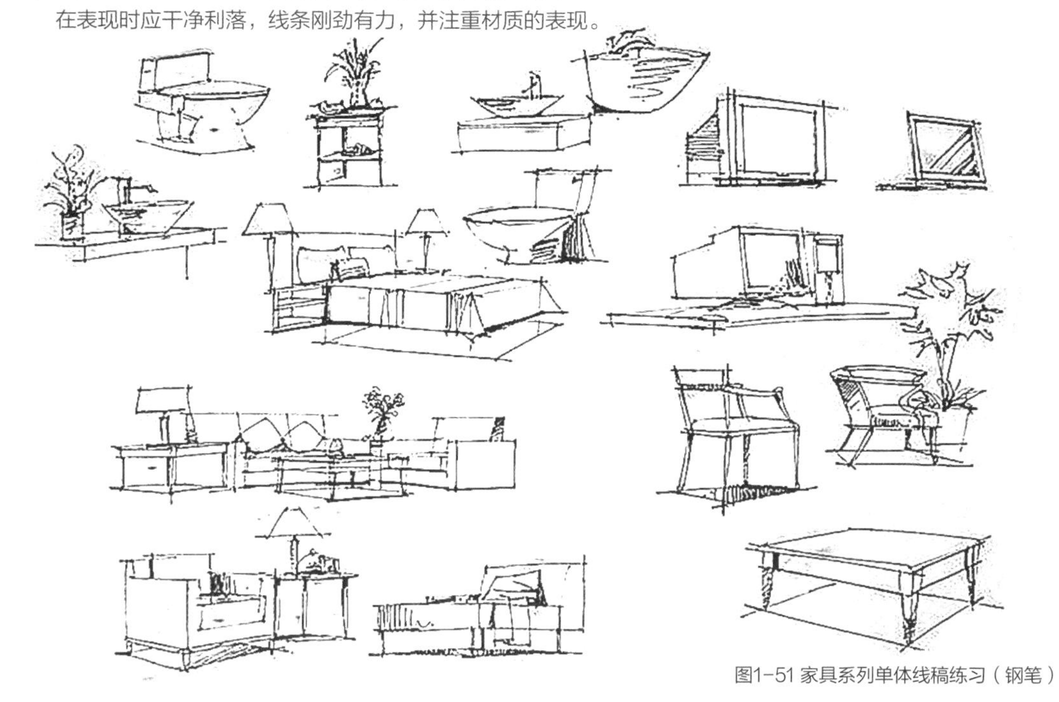

图1-51 家具系列单体线稿练习（钢笔）

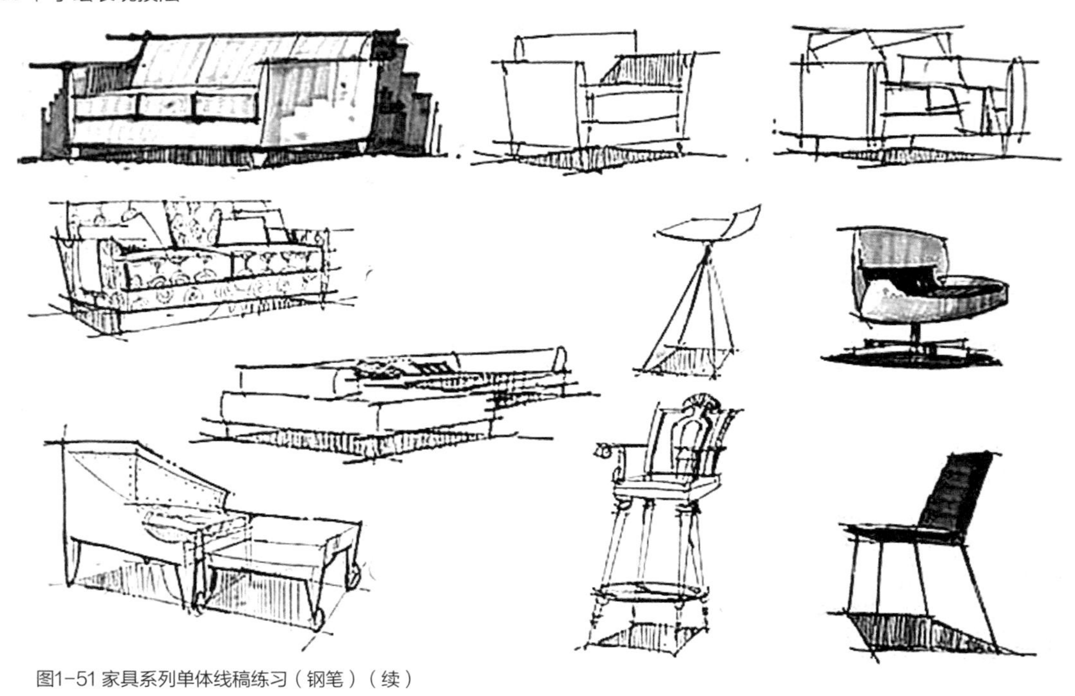

图1-51 家具系列单体线稿练习（钢笔）（续）

花艺摆件、花卉盆栽类

小型植物作为室内装饰不可或缺的配饰，其由底下的玻璃、陶瓷、竹编等材质的花盆与上部绿色蓬松的枝叶组成。

在表现时应注意底部盆体的概括处理、阴影表现，再次应注意其结合部位的衔接处理，最后应注重蓬松枝体的边缘部分的刻画，以达到“下繁上简”或“下简上繁”的线条对比处理。

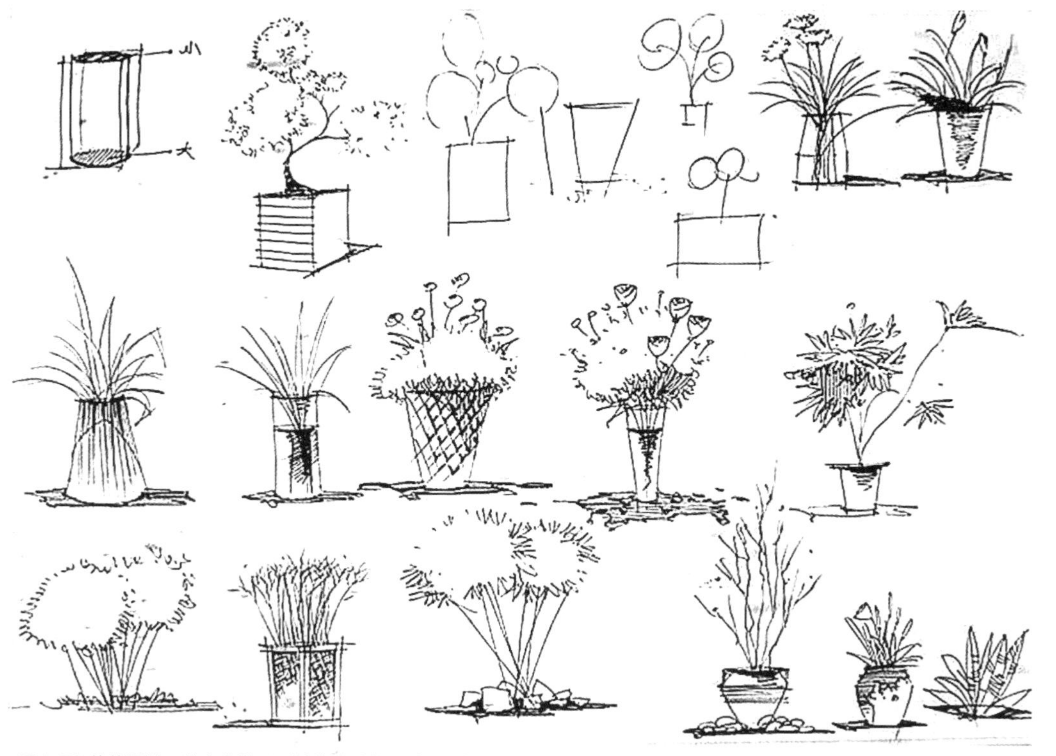

图1-52 花艺摆件、花卉盆栽系列单体线稿练习（钢笔）

图1-52 花艺摆件、花卉盆栽系列单体线稿练习（钢笔）（续）

交通工具类

交通工具作为室外环境景观的配角，应简约刻画，速度成型。多注意其线条与周围环境的疏密对比，才能在画面中起到画龙点睛的作用。

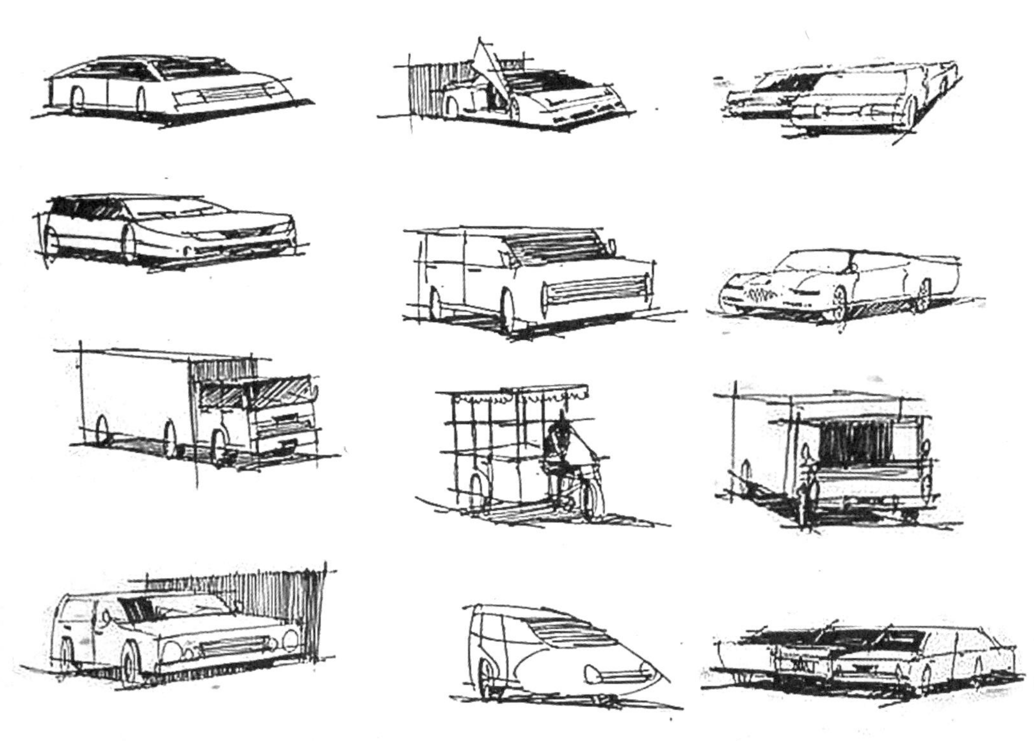

图1-53 交通工具系列单体线稿练习（钢笔）

图1-54 人物系列单体线稿练习（钢笔）

人物类

人物在透视图中是为了点景。

透视图中的人物分为：前景人物，多采用半身带手的动态造型；中景人物，需配合情节刻画，面部可简单些；远景人物，为表达空间延续，色彩点缀及活跃气氛，表现人物的大致动态即可；草图人物，重比例效果及“象征式”，人物的形态可放松随意，程序化表达。

植物景观类

绿色植物蓬勃向上、充满生机，但却极难刻画，因为它是蓬勃、有生命的，其姿态千变万化。在具体刻画时，需避免“碎”“杂”。

树的画法可分西式画法（以光影形式表现树的体积、形态）和中国画法（以线造型的形式表达树的姿态和神韵）两种。

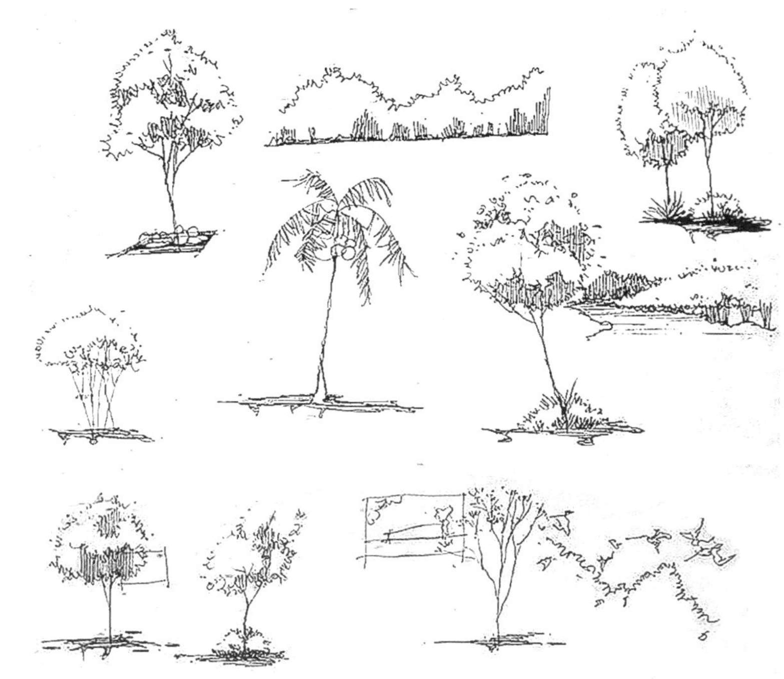

图1-55 树木植被系列单体线稿练习（钢笔）

任务1.4 马克笔用笔技法与单体上色

任务目标

通过学习，掌握以下知识或方法：

□ 掌握马克笔表现的绘制技法。

□ 掌握单体上色的技法。

□ 掌握组合体上色的技法。

任务描述

任务内容

在掌握马克笔手绘表现技法的基础上，学会运用马克笔给单体线稿上色。

实施条件

画板、马克笔、A4或A3复印纸、签字笔、针管笔、直尺、遮盖液。

1.4.1 马克笔表现技巧

使用马克笔绘制效果图是设计师在设计能力、绘画技巧及个人艺术修养等方面的综合体现。要画好马克笔表现图需要掌握相关的美术基础知识，如素描、色彩、透视、线描造型等。

马克笔的颜色丰富，学习者要根据颜色按明度、色相由浅至深、由明到暗进行分类，制定马克笔的色谱。在绘图中选择使用哪一种颜色，要注意色彩在色系中的相邻位置，相邻的色彩在使用中色彩较协调，所表现的画面相对比较统一、柔和。

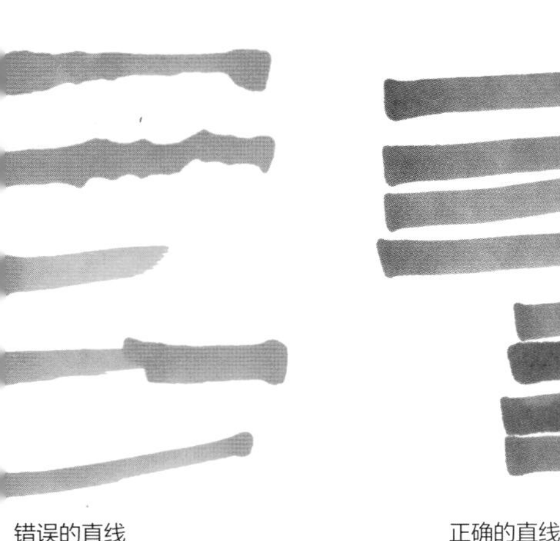

图1-56 直线

线条与笔触

1. 直线

马克笔有粗细不等的笔头，加上用笔的变化，可以绘制出不同效果的线条。初学者一般会感觉下笔生硬，笔触扭曲、不到位，或遇到笔触与笔触之间衔接不上等问题，一般绘制过程中应注意以下几个问题：

① 直线下笔要果断，起笔、运笔、收笔的力度要均匀。直线粗细、长短相同，排列整齐。

②直线横向排列适合表现平面，如地面、顶面等；直线竖向排列适合表现立面和反光、倒

影等；直线斜向排列可以表现物体多种形体，如墙线、木地板、家具等透视变化。

2. 点

点的组合多表现植物和树木，在刻画一些毛面质感的明暗过渡时也会用到。点的组合笔法讲究用笔灵活、多变，不拘泥于一个方向用笔。

图1-57 点的组合

交叉画法

交叉法多用于表现光影的变化，用明显的笔触变化来丰富画面的层次效果。一般作画时要注意等待第一遍笔触干透，再进行第二遍的笔触交叉，否则两遍色彩融合在一起失去笔触的清晰轮廓。

图1-58 垂直交叉画法

重叠笔触画法

一幅画作中如果全是直线表现，会显得很僵硬、呆板。笔触的变化可以丰富画面，形成自然多变的整体感。一般多用于物体的阴影部分、玻璃、织物、水体等的表现。在实际操作玻璃质感材质表现过程中重叠次数不宜过多，一般两三遍即可，过多会使画面不够清晰明朗。

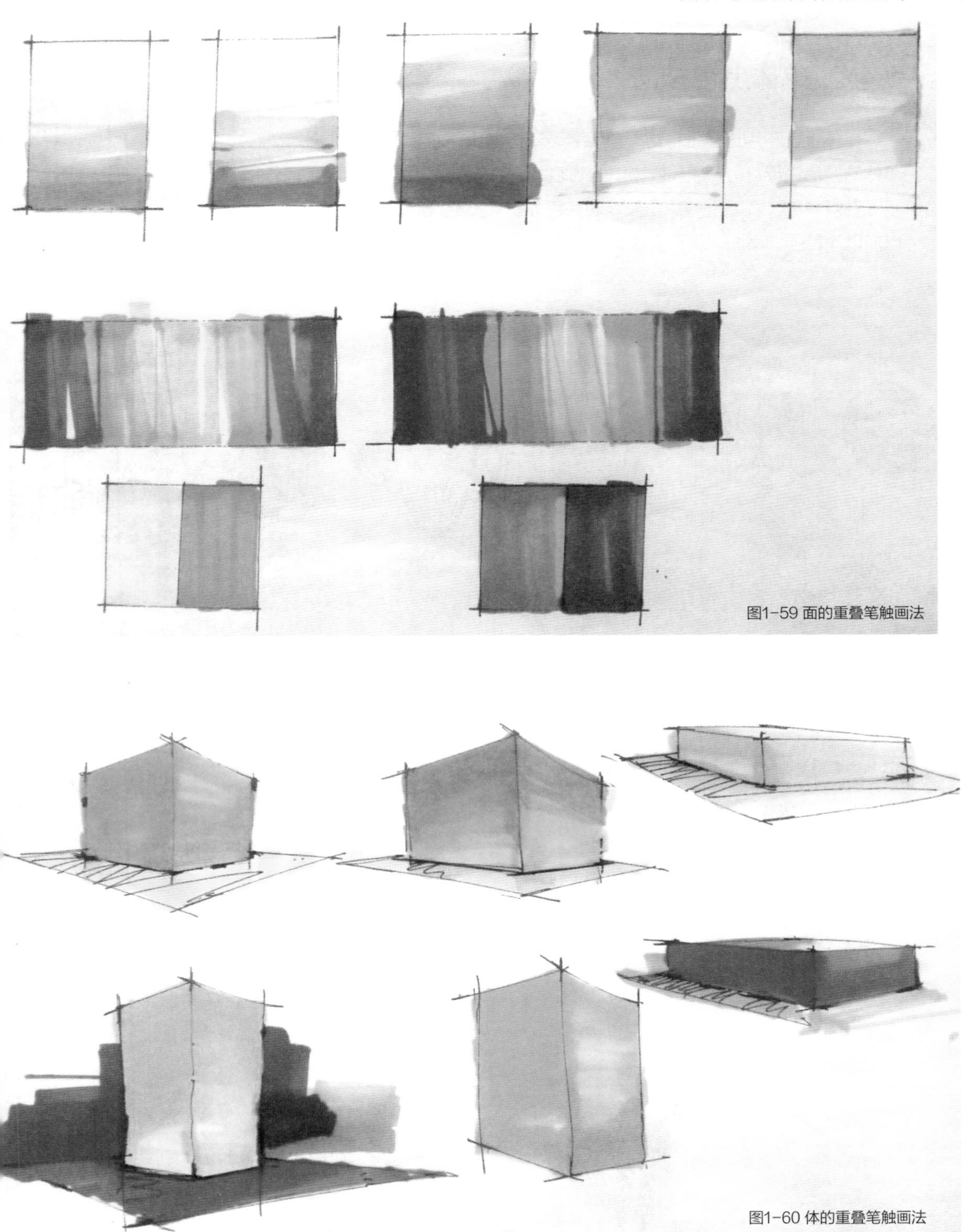

图1-59 面的重叠笔触画法

图1-60 体的重叠笔触画法

1.4.2 单体上色技法

单体上色不用过多地考虑环境因素，刻画起来比较容易，应根据单体的颜色进行着色，表现好物体的明暗关系、色彩的明度关系等。

在灯具的上色表现中，一般以暖黄色为主，把握好明暗关系，可以加以深色强调暗面，表现立体感。

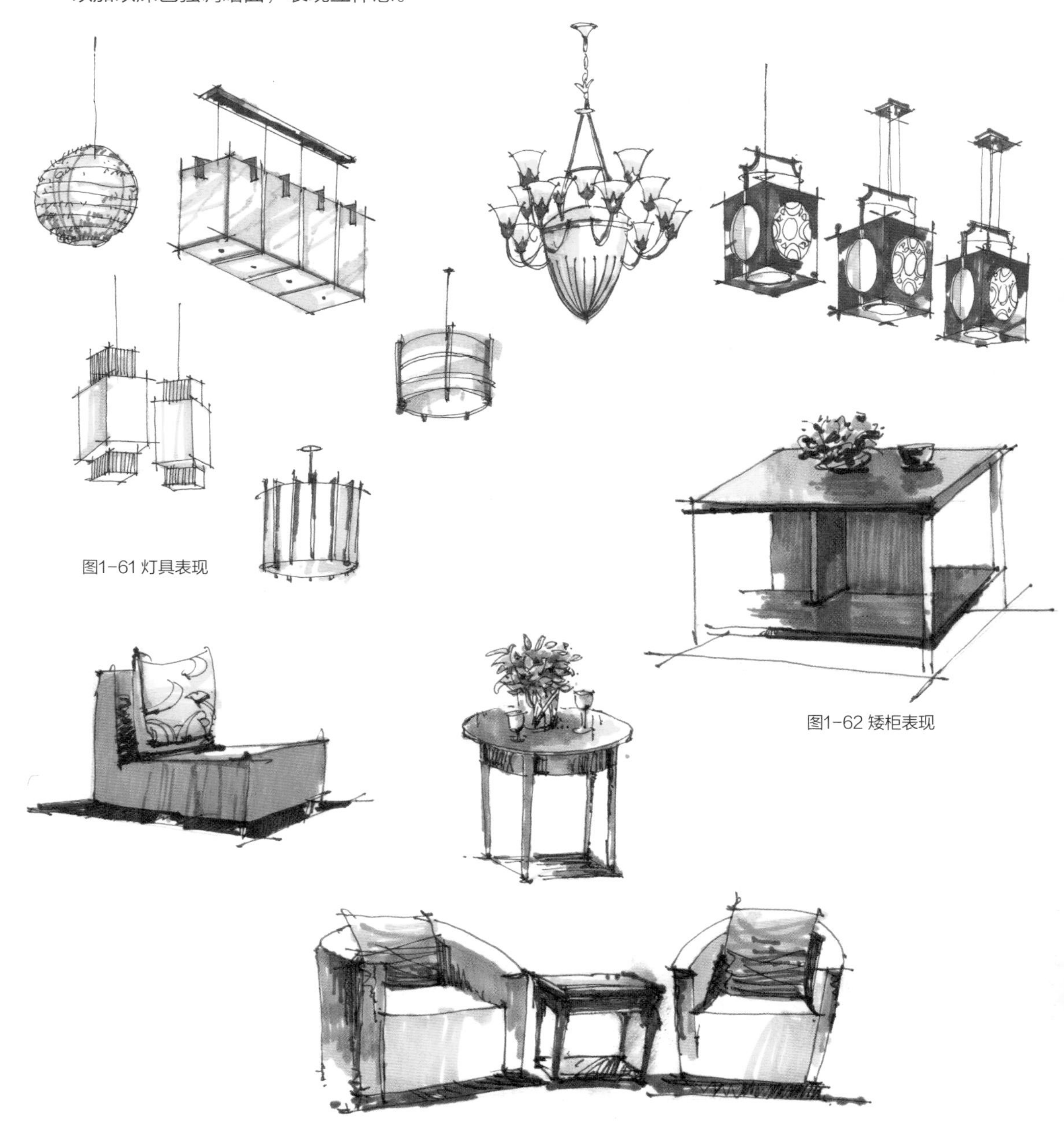

图1-61 灯具表现

图1-62 矮柜表现

图1-63 家具上色（适当留白，用笔有序，节奏感强，重点刻画明暗交界线）

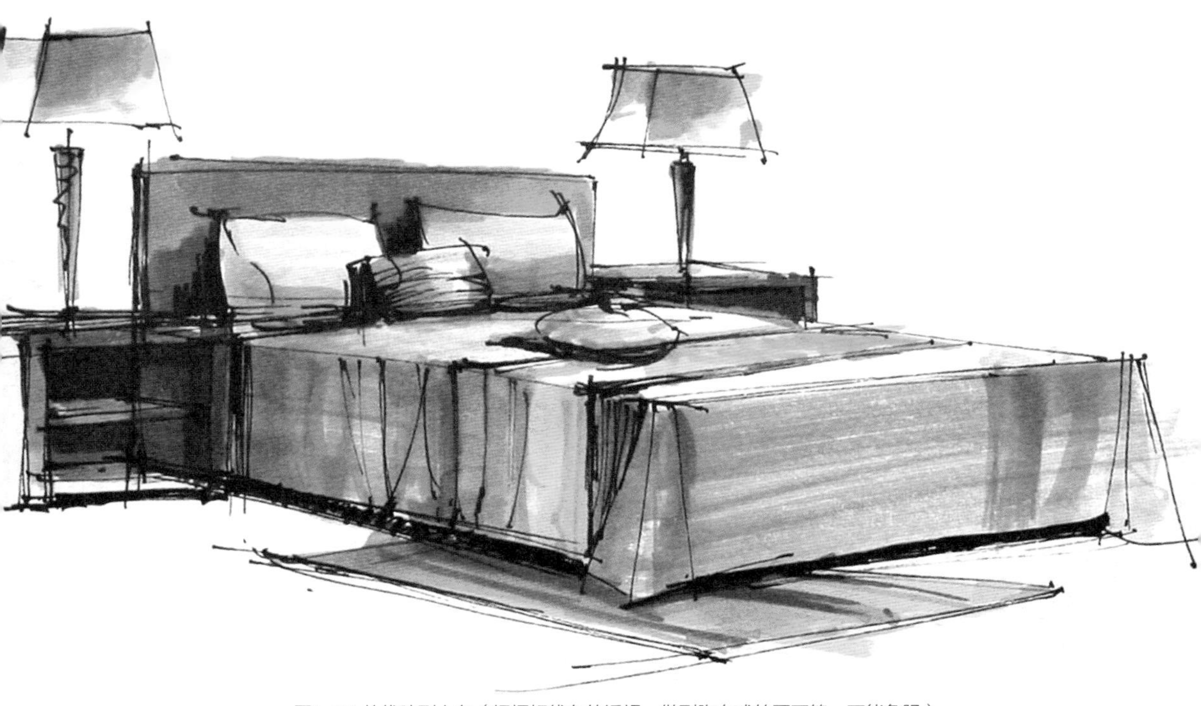

图1-64 从线稿到上色（把握好线条的透视，做到胸有成竹再下笔，不能急躁）

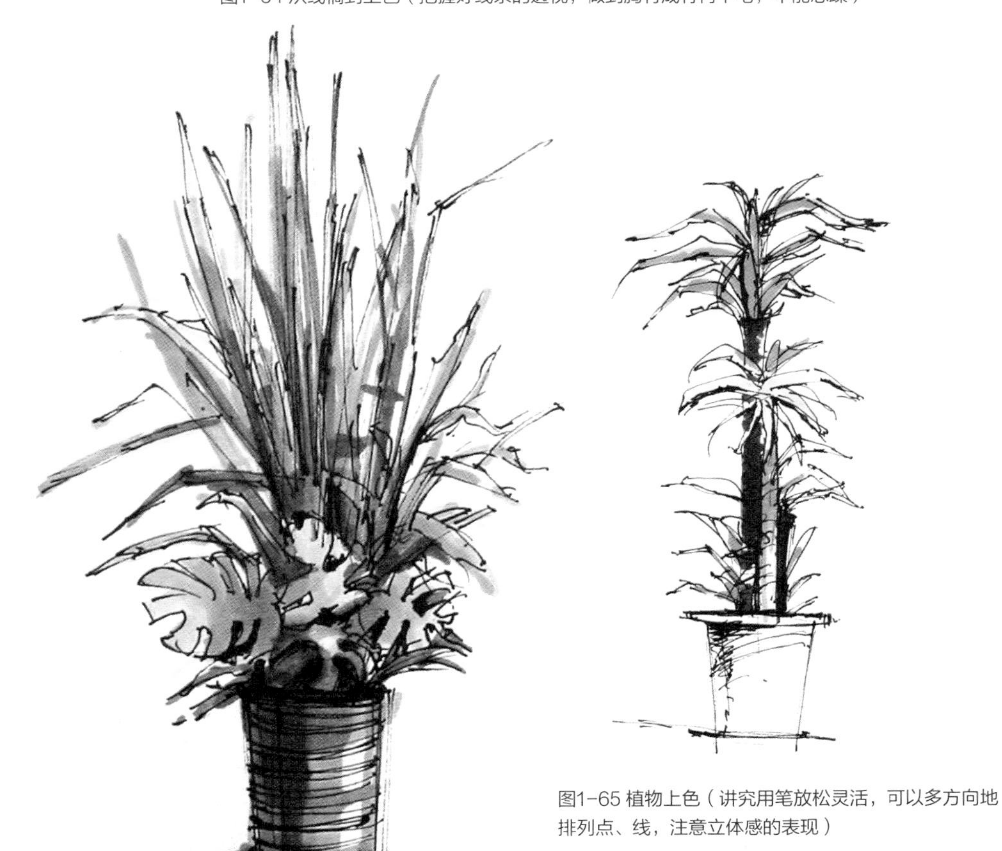

图1-65 植物上色（讲究用笔放松灵活，可以多方向地排列点、线，注意立体感的表现）

1.4.3 组合上色技法

组合物体上色讲究材质对比、光影关系等因素，相对难掌握，在练习过程中应注意组合物体上色的空间处理细节，要考虑环境因素，物体不是单一存在的，物体与物体之间会受到环境的影响。

图1-66 沙发组合上色（注意受光影和环境的关系影响，用色丰富，空间感强）

各类单体上色练习

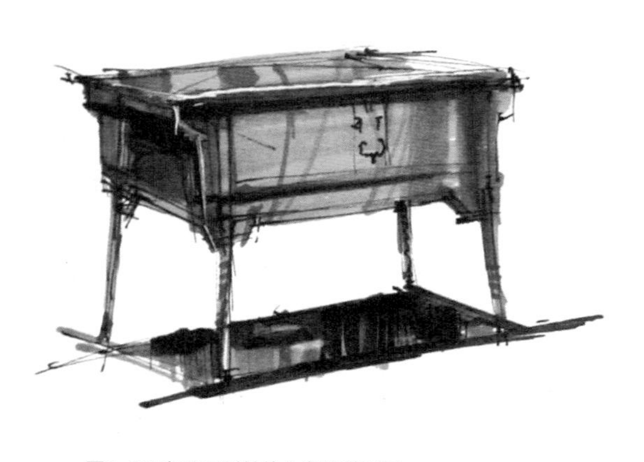

图1-67 家具系列单体上色临摹练习

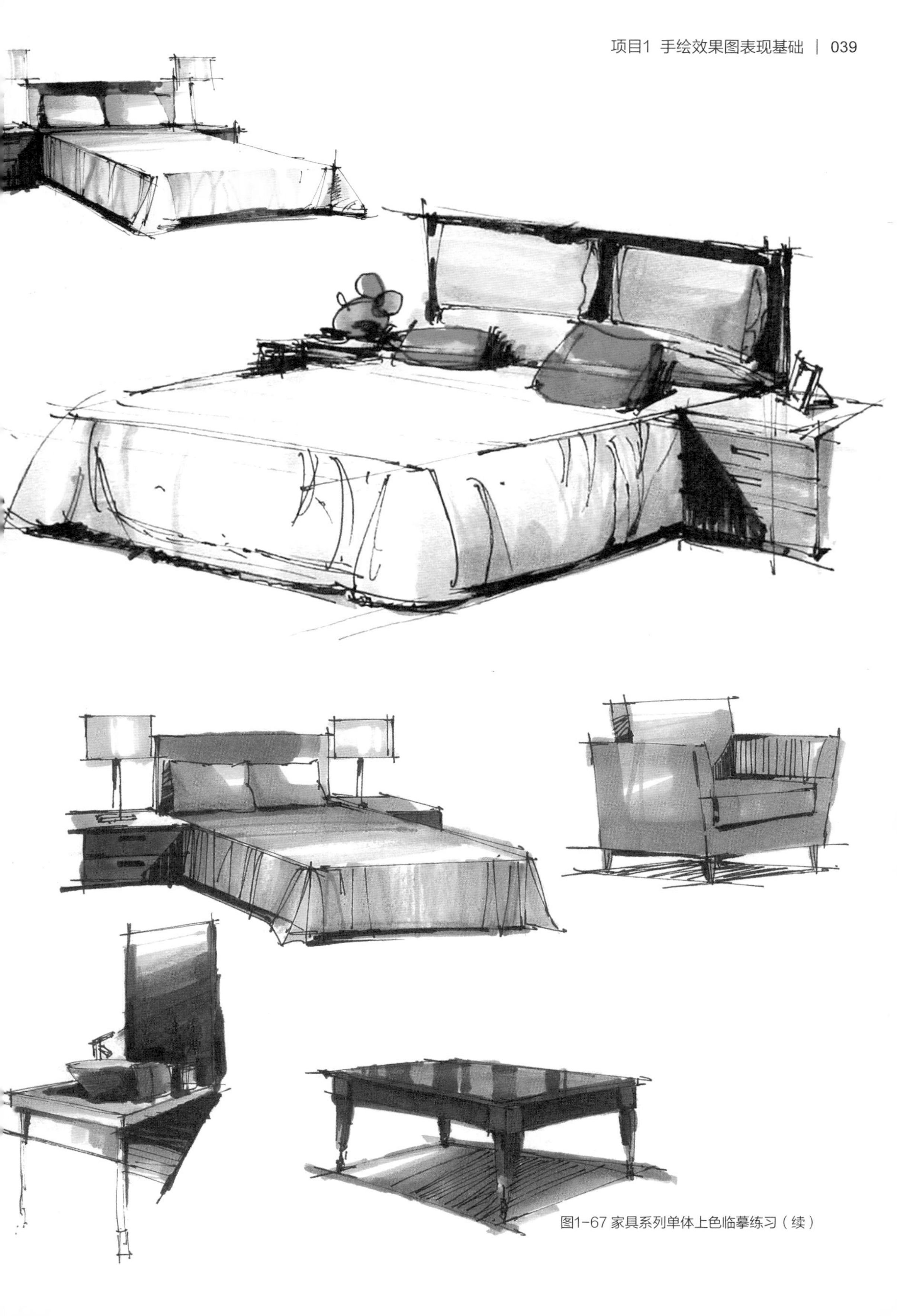

图1-67 家具系列单体上色临摹练习（续）

图1-68 卫浴系列单体上色临摹练习

图1-69 小装饰物系列单体上色临摹练习

弗兰克·劳埃德·赖特

弗兰克·劳埃德·赖特（Frank Lloyd Wright）生于1867年6月8日，卒于1959年4月9日，他是美国的一位最重要的建筑师，在世界上享有盛誉。他设计的许多建筑受到世人的普遍赞扬，是现代建筑中有价值的瑰宝。赖特对现代建筑有很大的影响，他的建筑思想和欧洲新建运动的代表人物有明显的差别，他走的是一条独特的道路。

赖特的一生经历了一个由摸索建立空间意义和它的表达阶段，从实体转向空间，从静态空间到流动和连续空间，再发展到四度的序列展开的动态空间，最后达到戏剧性的空间。布鲁诺·塞维如此评价赖特的贡献："有机建筑空间充满着动态和方位诱导、透视和生动明朗的创造，他的动态是创造性的，因为其目的不在于追求耀眼的视觉效果，而是寻求表现生活在其中人的活动本身"。

建筑师应与自然一样地去创造，一切概念意味着与基地的自然环境相协调，使用木材、石料等天然材料，考虑人的需要和感情。赖特认为"只有当一切都是局部对整体如同整体对局部一样时，我们才可以说有机体是一个活的东西，这种在任何动植物中可以发现的关系是有机生命的根本"。赖特的有机建筑观念主张建筑物的内部空间是建筑的主体。赖特试图借助于建筑结构的可塑性和连续性去实现整体性。他认为，这种连续可塑性包括平面的互迭，空间的接续；墙、楼面、平顶既各为自身又是另一方面的连续延伸，在结构中消除明确分解的梁柱体系，尤其是悬臂的运用，为整体结构、空间的内伸外延提供了技术可能。"活"的观念和整体性是有机建筑的两条基本原则，而体现建筑的内在功能和目的，与环境协调，体现材料的本性是有机建筑在创作中的具体表现。

赖特并不认为空间只是一种消极空幻的虚无，而是视为一种强大的发展力量，这种力量可以推开墙体、穿过楼板，甚至可以揭开屋顶，所以赖特越来越不满足于用矩形包容这种力量了，他摸索用新的形体去给这种力量赋形，海贝的壳体给他这样一种启示，运动的空间必须有动态的外壳—— 一种无穷连续的可朔性。

弗兰克·劳埃德·赖特杰出代表作，美国匹兹堡市郊区熊溪河畔的流水别墅

Project 2

项目2 室内外手绘造型线稿绘制

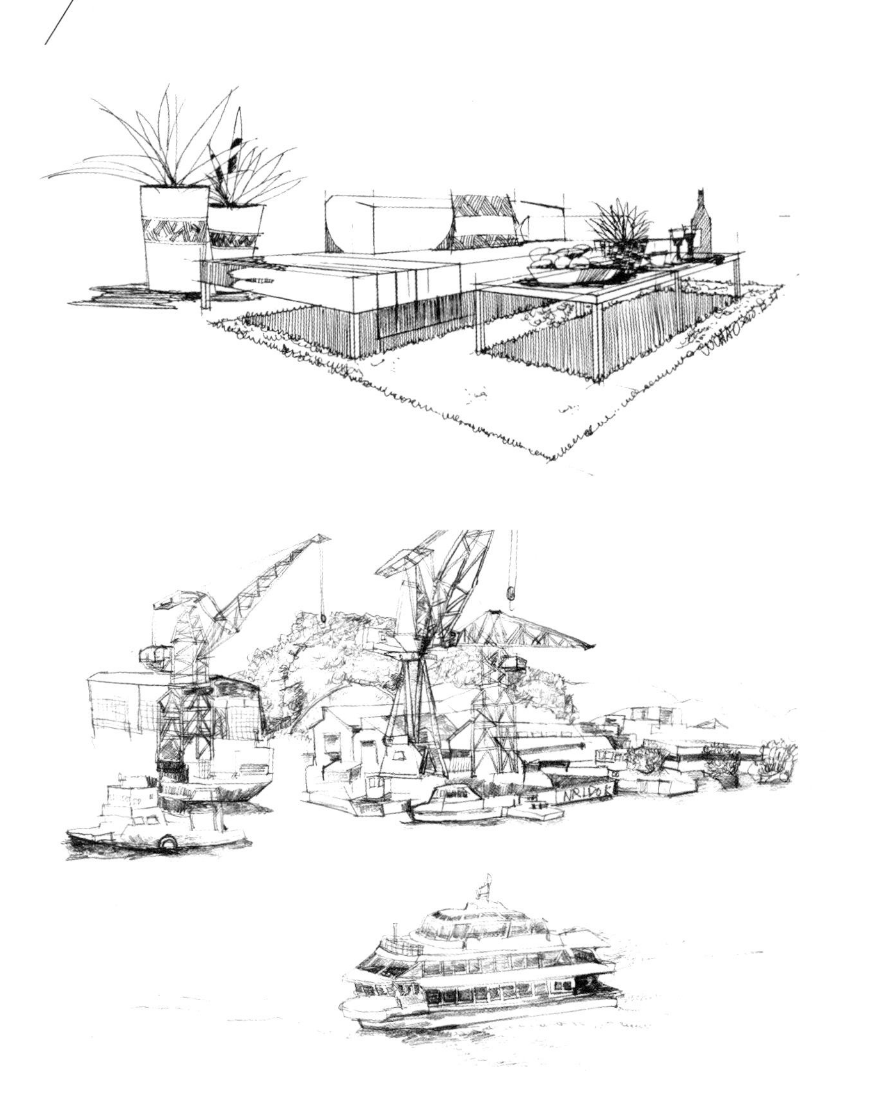

任务2.1 室内家居空间手绘线稿分步绘制

任务目标

通过学习，掌握以下知识或方法：

□ 掌握一点透视（平行透视）在实际室内装饰线稿任务中的应用。

□ 了解室内装饰线稿项目中两点透视（成角透视）的实际应用。

□ 掌握线条疏密表现、线条虚实表现、阴影线条排线等用线技法。

□ 理解画面构图留白（留三放一布局）处理的画面布局应用。

任务描述

任务内容

在掌握单体线稿绘制的基础上，进一步熟悉线条绘制技法。通过学习室内装饰场景绘制过程中碰到的实际案例项目和问题，学会绘制一点透视（平行透视）画面和线稿效果图。

实施条件

1. 画板、100gA3复印纸。

2. 2B鸭舌铅笔、签字笔、直尺。

2.1.1 一点透视分析

对透视进行分析，定焦一点透视（平行透视）视觉中心VP点（灭点）。从构图学上分析，本案例的VP点不是位于图纸的中心位置，而是位于竖向中心点靠左的黄金分割线上。一点透视稿用铅笔起稿（技法纯熟的可以尝试直接用签字笔起稿），确定中心VP点（灭点）后，用直尺做四个方向空间大骨架的参照线（即：室内顶棚、四面立面墙体、地面的交界线）。在线条绘制过程中要保持两边实中间虚（即落笔与收笔的时候都是实点，这也是新手最容易出问题的地方），这样的线条显得刚劲有力，使得空间表现更有骨感。

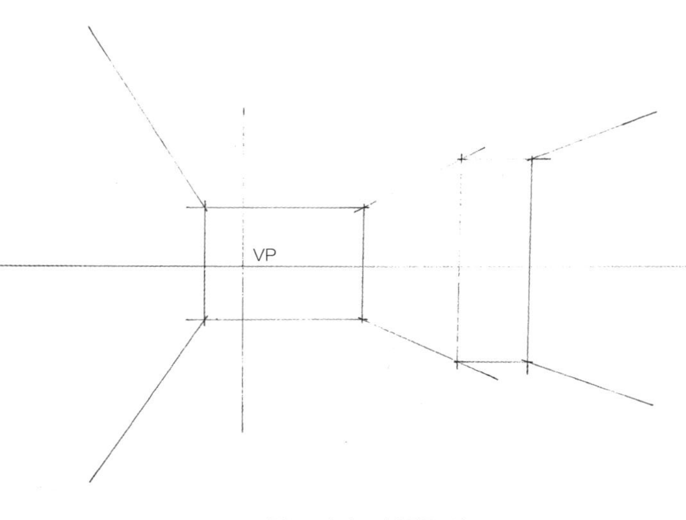

图2-1 室内一点透视画法

知识延伸

什么是黄金分割线?

黄金分割线是一种古老的数学方法。黄金分割的创始人是古希腊的毕达哥拉斯，他在当时十分有限的科学条件下大胆断言：一条线段的某一部分与另一部分之比，如果正好等于另一部分同整个线段的比即0.618，那么，这样的比例会给人一种美感。后来，这一神奇的比例关系被古希腊著名哲学家、美学家柏拉图誉为“黄金分割律”。在摄影、绘画、建筑、风景园林中均有应用。

2.1.2 主要家具与构造物的外轮廓绘制

由于室内空间物体造型太多、布局关系比较复杂，所以对于绘画整体空间掌控能力比较弱的学生，可先进行大物件基本框架的绘制，再进行小物件外轮廓线的绘制。在表现主要家具、装饰结构线延伸方向的时候，都采用朝向一个中心灭点的视觉方向线绘制。而横向的线条（即物体轮廓线与纸面上下边缘线平衡的线条）之间都保持相互的平行。学会留白（留三放一布局）的构图模式，左上角的空间处理点到为止，不宜有过多的线条以及装饰小物件。

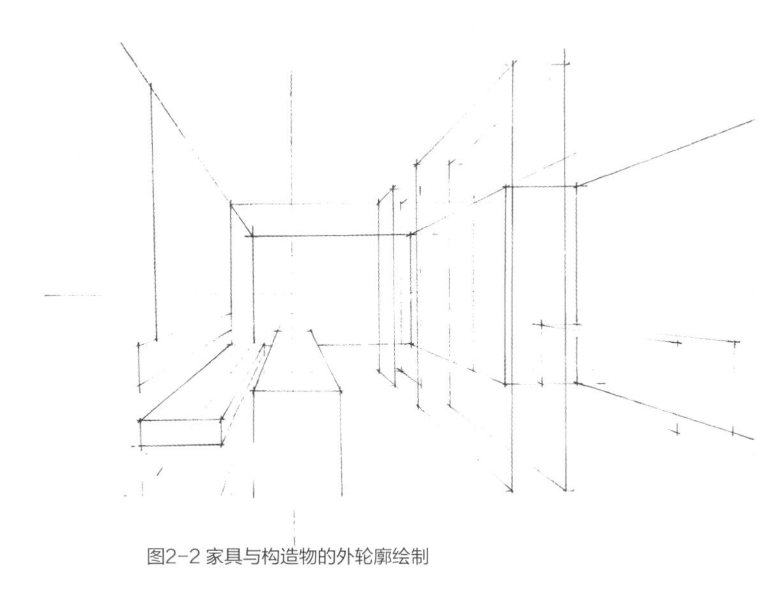

图2-2 家具与构造物的外轮廓绘制

知识延伸

什么是留白?

留白指书画艺术创作中为使整个作品画面、章法更为协调精美而有意留下相应的空白，让人留有想象的空间。比如画画，画画需要留白，艺术大师往往都是留白的大师，方寸之地亦显天地之宽。南宋马远的《寒江独钓图》，只见一幅画中，一只小舟，一个渔翁在垂钓，整幅画中没有一丝水，而让人感到烟波浩渺，满幅皆水。予人以想象之余地,如此以无胜有的留白艺术，具有很高的审美价值，正所谓“此处无物胜有物”。

2.1.3 大家具造型细部绘制

大部分透视结构用铅笔绘制结束，就可以用签字笔进行描绘。在家具、餐椅、灯饰、沙发的细部刻画的过程中，也要始终保持一个中心灭点的绘图方向。再次强调，线条始终保持起笔与落笔是实线、中间将力卸掉绘制出虚线，这样线条虚实结合，相得益彰，画面显得精干而有力道。餐桌椅子周围过密的线条与留白处的稀疏线条形成“疏密对比”，形成了“疏可走马、密不透风”的中国画意境格局。最后要特别注意，无论家具上下轮廓线还是结构装饰物的水平线都是与纸面的上下边界线平行的。由于透视关系，诸如吊灯、餐桌椅子的变化规律遵循近大远小的透视关系即可。

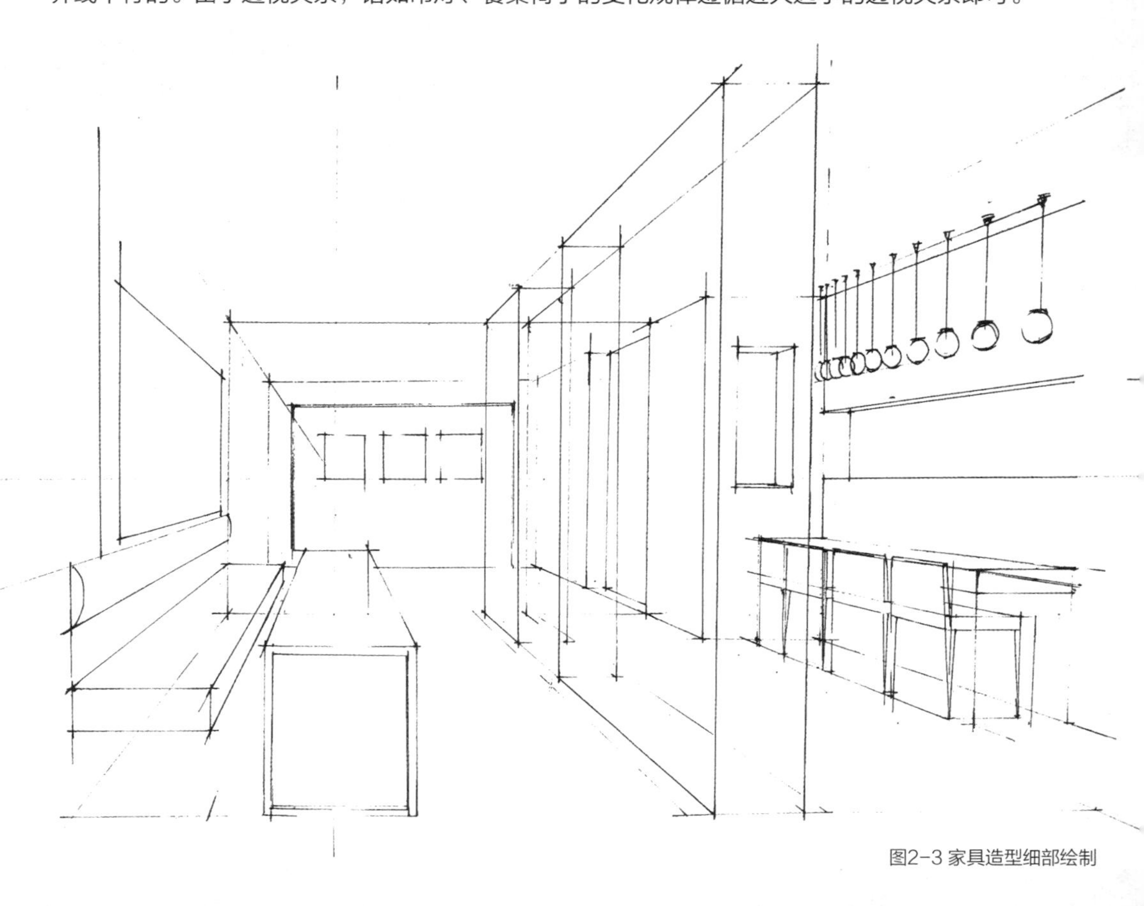

图2-3 家具造型细部绘制

知识延伸

什么叫疏可走马、密不透风?

书画理论上有“疏处可使走马，密处不使透风”的美学观念，也就是疏的地方可以让马驰骋，密的地方连风也透不过去，大体指的是物体之间、线以及线与线之间的结构、布局、留白、组织、呼应等。

2.1.4 整体调整与局部绘制

整体把握和调整，注重线稿的细节刻画，但不破坏总体的透视效果。注意整体空间画面进行线条疏密变化对比，一般上疏下密，这样画面具有厚重感。左右一疏一密具备详略层次感。马赛克和瓷砖的绘画可以根据设定光线进行疏密处理，使画面看起来有变化。筒灯、花瓶、花篮、挂画、背景墙、小草坪、瓷砖分割线都是点睛之笔，不可草草了之，影响整体美感。

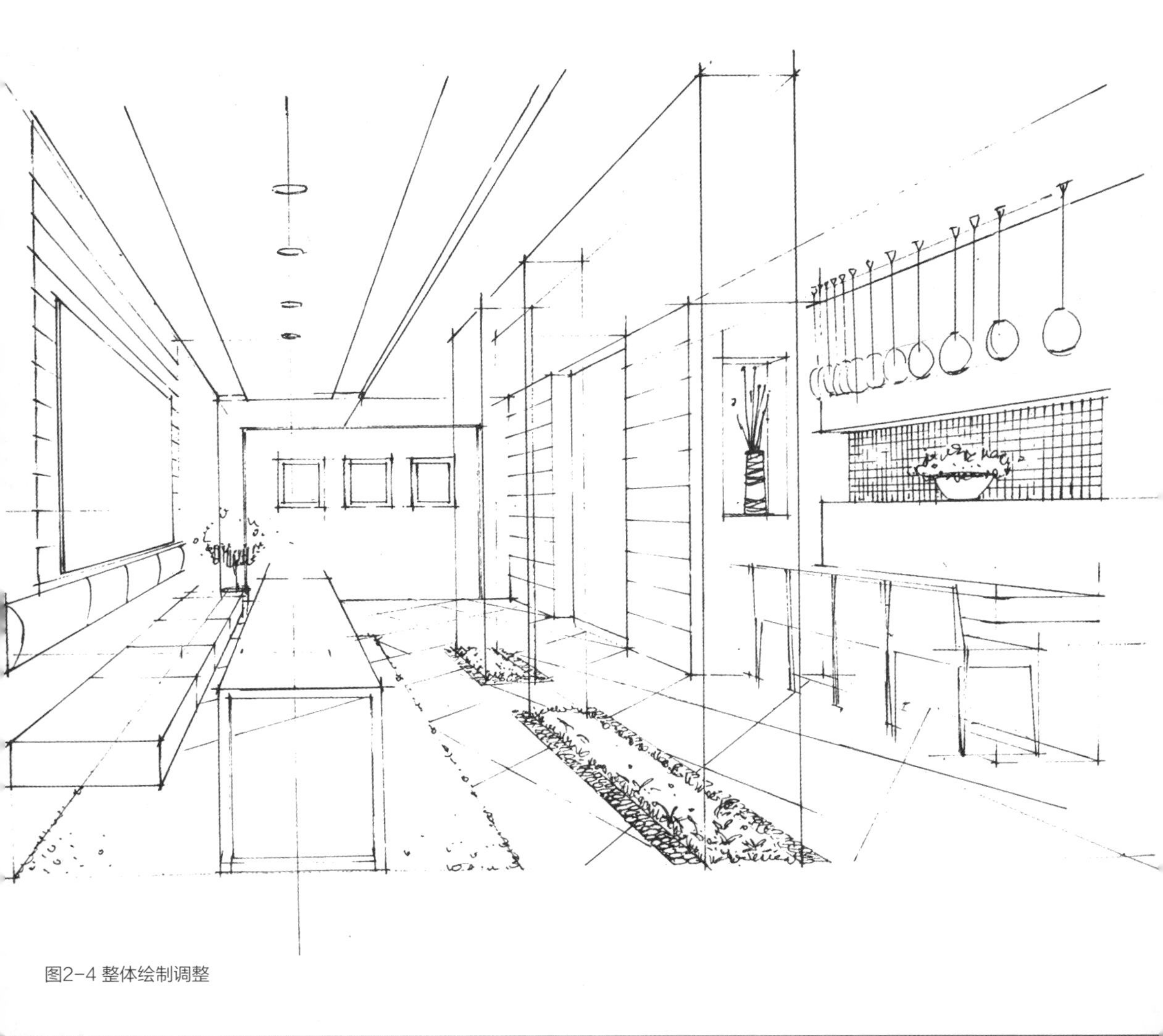

图2-4 整体绘制调整

知识延伸

什么是层次感?

本词来自雕塑专业的浮雕技法。图案浮雕雕刻技术，不仅要求有立体感，还要表现出图案的主次、远近、大小、前后等透视关系。在雕刻过程中不仅要进行变形和压缩，更要符合视觉的合理性，即浮雕的层次感。层次感的词义后来扩展到构图学领域，即构图要注意画面里有前、中、远景，层次感才更好。

想一想

如图2-5~图2-10，室内客厅空间线稿表现、室内厨房餐厅线稿表现、室内休闲空间线稿表现、室内卫浴空间线稿表现中局部的处理还需要注意哪些问题?

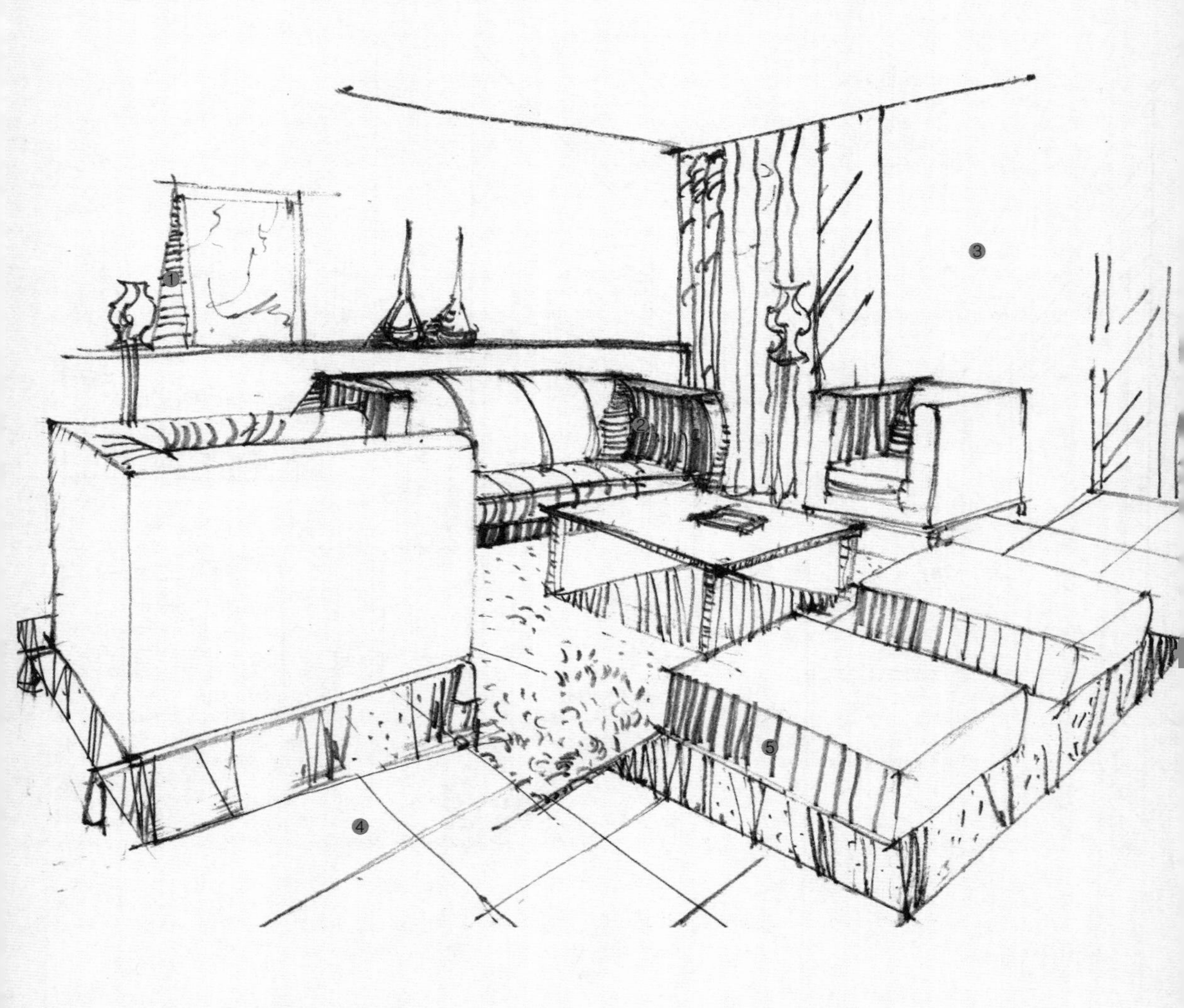

图2-5 室内客厅空间线稿表现 鸭舌自动笔（韩娇）
指导教师 孙琪

❶ 此处阴影的绘制要整齐，这样的阴影表现具有透气感。

❷ 注意画面的疏密对比，此处线条应该表现较密，具有厚实感。

❸ 注意构图，此处做留白处理，不可画得太满，否则会产生“闷的感觉”。

❹ 注意地砖的透视线条应表现准确，这也是保持整体透视效果的关键之处，不可小视。

❺ 注意座椅暗面的线条表现，从画面中心由内而外，线条的表现也应该由密而疏，这样的表现方式具有体积感和视觉透视感。

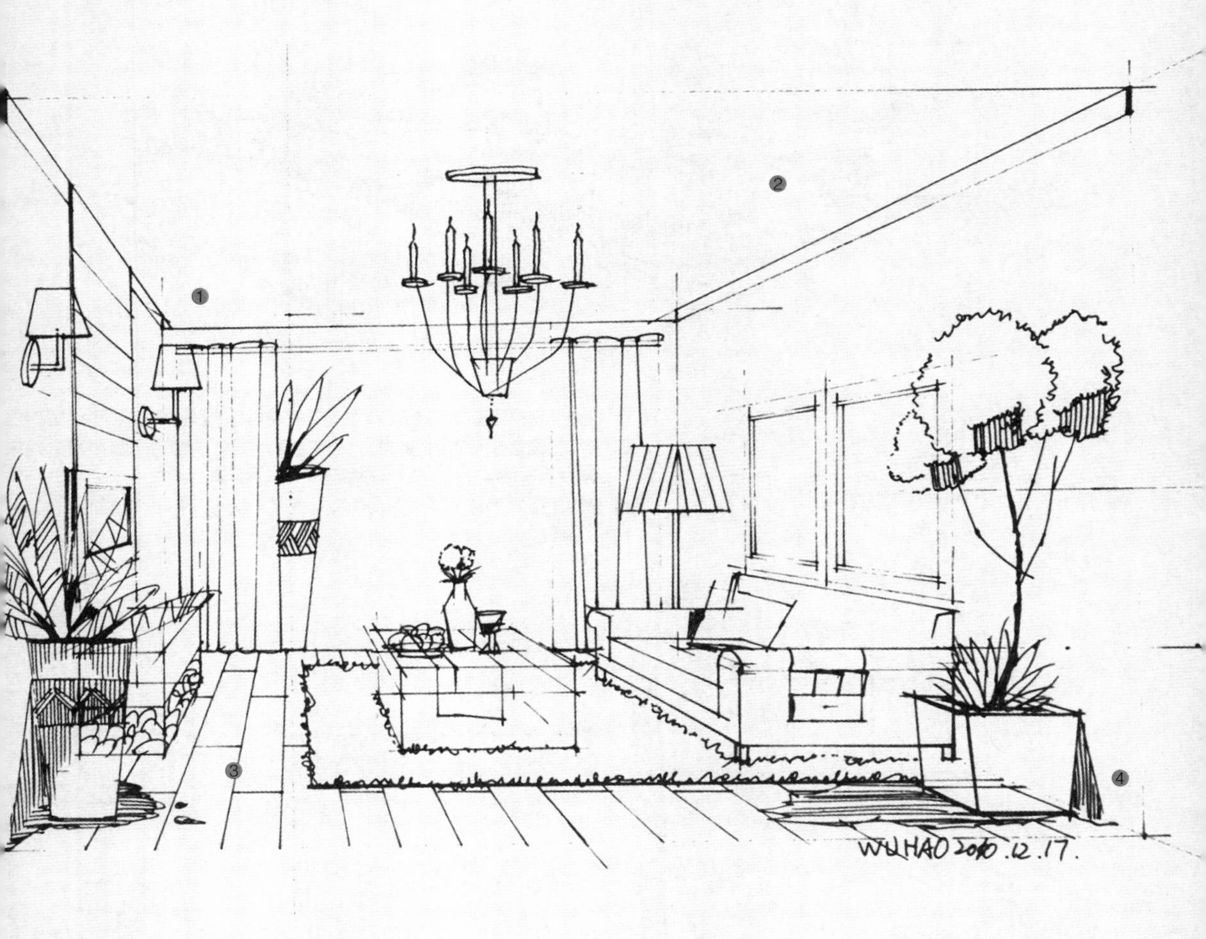

图2-6 室内客厅空间线稿表现 钢笔（吴昊）
指导教师 孙琪

❶ 注意用线时中间虚、两边实，这样的线条更有力度。

❷ 注意构图，此处做留白处理，做到“留三放一”，不可画得太满。

❸ 注意绘制地板时要特别注意遵循一点透视的绘制技法。

❹ 注意阴影的绘制时墙面与地面的排线方向。

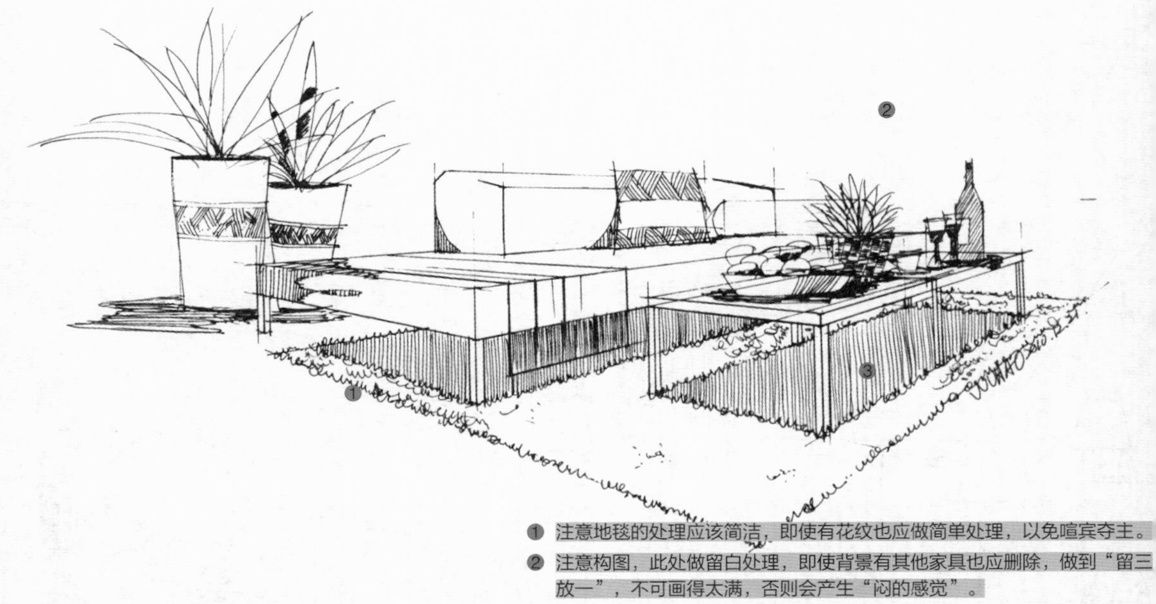

1 注意地毯的处理应该简洁，即使有花纹也应做简单处理，以免喧宾夺主。

2 注意构图，此处做留白处理，即使背景有其他家具也应删除，做到“留三放一”，不可画得太满，否则会产生“闷的感觉”。

3 注意阴影采用统一排线的处理技法，相隔的空间大小统一能够产生“秩序感”。

图2-7 室内客厅空间线稿表现 钢笔（吴昊）
指导教师 孙琪

图2-8 室内厨房餐厅线稿表现 鸭舌自动笔（隋兴祖）
指导教师 孙琪

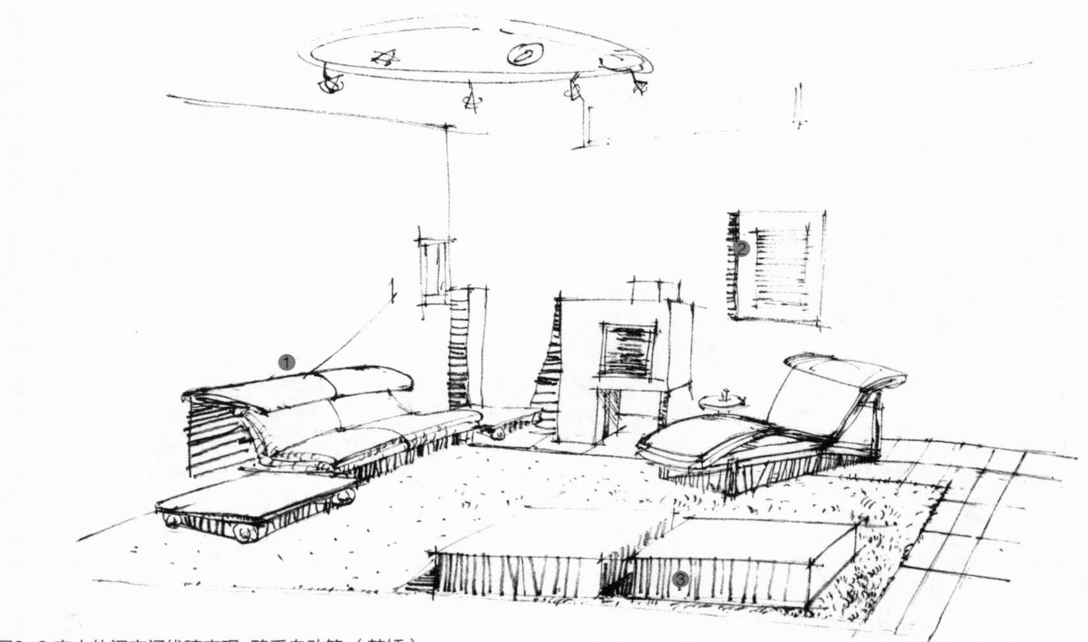

图2-9 室内休闲空间线稿表现 鸭舌自动笔（韩娇）
指导教师 孙琪

❶ 注意构图，此处做留白处理，做到“留三放一”，不可画得太满，否则会产生“闷的感觉”。

❷ 此处阴影的绘制要整齐，这样的阴影表现具有透气感。

❸ 注意座椅暗面的线条表现，由暗面到亮面，线条的表现也应该由密而疏，这样的表现方式具有体积感和视觉透视感。

❶ 注意构图，此处做留白处理，做到“留三放一”，不可画得太满，否则会产生“闷的感觉”。线条采用“后退线”的走势。

❷ 餐桌与橱柜是本线稿重点表现的部分，用线应该详细，线条表现要密集。

❸ 此图为一点透视关系， 视觉中心的线稿表现应该简略。

❹ 此处阴影的绘制要整齐，这样的阴影表现具有透气感。

❺ 再次强调地板的线条透视是学生线稿表现过程中最容易忽视，也是最容易出现失误的地方。

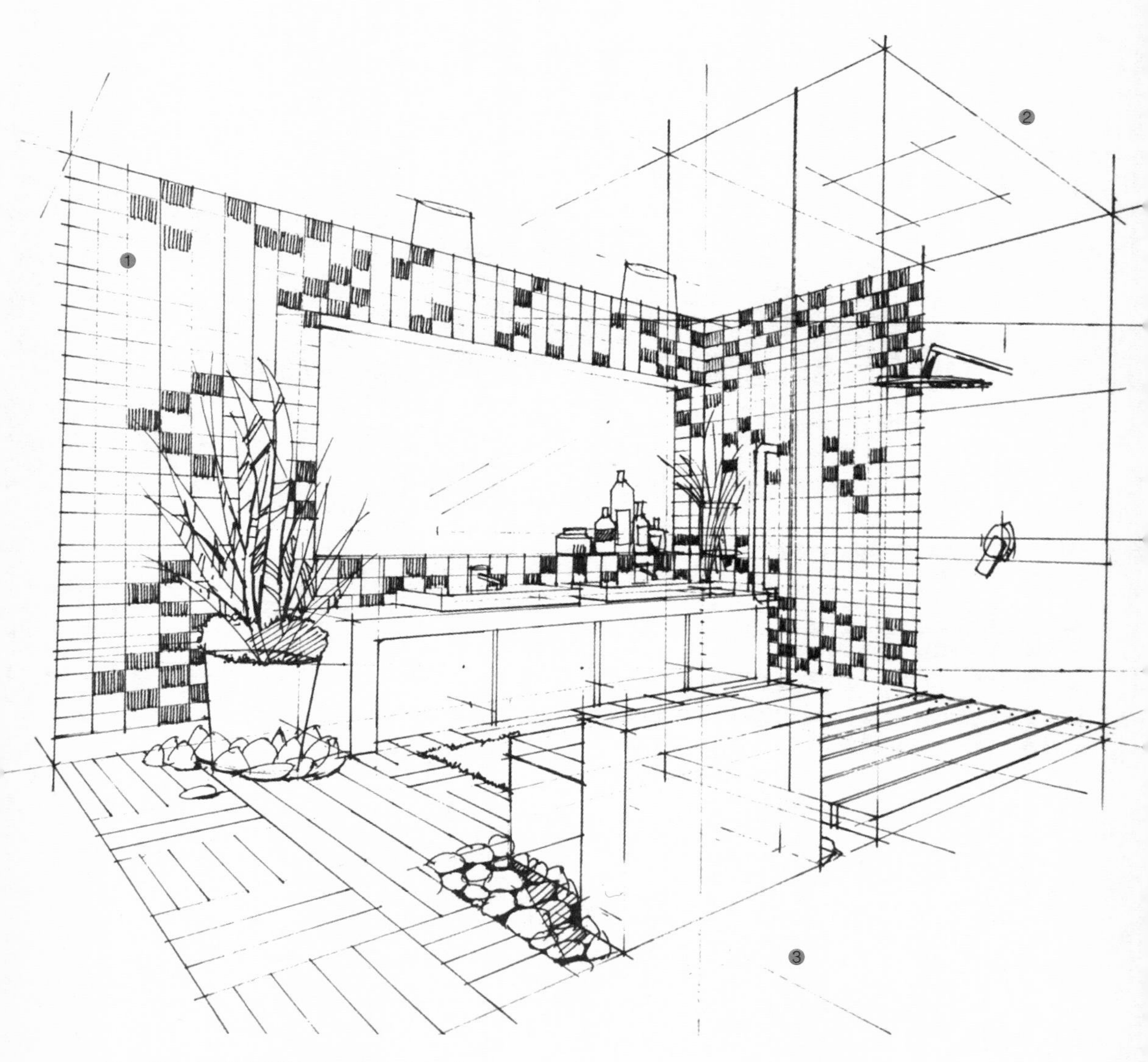

图2-10 室内卫浴空间线稿表现 钢笔（吴昊）
指导教师 孙琪

① 注意此处马赛克的疏密处理。

② 注意采用两点透视进行线稿绘制时，2个灭点的统一原则。

③ 注意构图，此处做留白处理，做到“留三放一”，不可画得太满。

做一做

运用线稿绘制技法与知识，临摹（易）或创新（难）绘制一幅室内建筑装饰线稿图。

任务2.2 室外建筑物手绘线稿分步绘制

任务目标

通过学习，掌握以下知识或方法：

□ 掌握两点透视（成角透视）在实际室外建筑线稿中的应用。

□ 了解三点透视在室外超高层建筑线稿案例中的实际应用。

□ 掌握建筑转折处的线条疏密、线条虚实表现、线条素描关系的用线技法。

□ 掌握建筑物瓦片绘制、建筑物与地平线细部处理、阴影线条的画面处理。

任务描述

任务内容

在掌握室外单体线稿绘制的基础上，进一步熟悉室外建筑场景中线条绘制技法。通过学习室外建筑场景绘制过程中碰到的实际案例项目和问题，学会处理画面透视与对比方案。

实施条件

1. 画板、100gA3复印纸。

2. 2B鸭舌铅笔、签字笔、直尺。

2.2.1 两点透视分析

对透视进行准确地分析，定焦建筑物成角透视视觉中心的两个灭点（VP_1、VP_2）。确定好基本透视关系后，对建筑物进行大块面的几何绘制。建筑物轮廓线稿的线条需要出头交叉，这样用线技法可以将建筑物表现得挺拔高耸。用线要两端实中间虚，显得刚劲有力。画面构图的过程中遵循地平线分割由上而下2:1的比例布局。

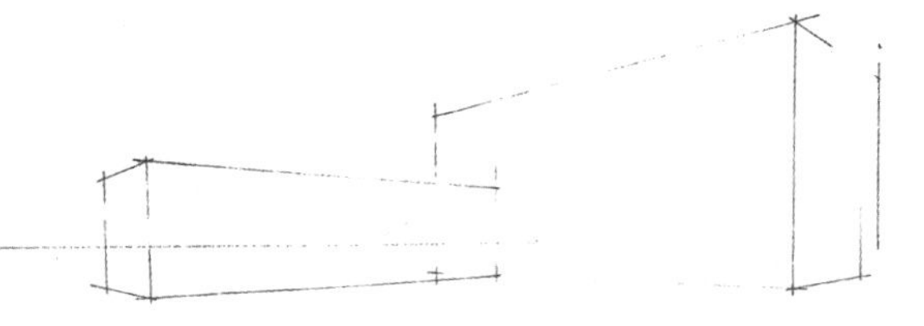

图2-11 建筑物两点透视画法

知识延伸

什么是构图？

构图的名称来源于西方的美术，其中有一门课程在西方绘画中叫作构图学。 构图这个名称在我国国画画论中，不叫构图，而叫布局，或叫经营位置。不论是国画中的布局，还是摄影中的取景，都只涉及构图的部分内容，并不能包括构图的全部含义。因此，统一用构图这个称呼是较科学准确的。

研究构图的目的就是研究在一个平面上处理好三维空间——高、宽、深之间的关系，以突出主题，增强艺术的感染力。构图处理是否得当、是否新颖、是否简洁，对于艺术作品的成败关系很大。从实际而言，一幅成功的艺术作品，首先是构图的成功。成功的构图能使作品内容顺理成章、主次分明、主题突出、赏心悦目。反之，就会影响作品的效果，没有章法，缺乏层次，整幅作品不知所云。

2.2.2 建筑物结构造型与外轮廓绘制

建筑物结构造型与外轮廓包括楼层的结构、转折结构、异形建筑结构。建筑物结构造型与外轮廓的透视关系应该与建筑物主要结构的轮廓相一致。对建筑景观进行大块面地绘制，用笔干净利落。对于有些建筑，应该采用“少就是多”的手法处理，而并非越详细越好（因为今天你是学徒，明天你有可能是建筑设计师，需要用简练的线条快速表现自己转瞬即逝的设计灵感）。再次强调，建筑物结构的交汇部分，交叉线条的起笔和收笔一定要以“实线段”进行处理，才能显示出建筑物坚固、挺拔的效果质感。建筑物周围部分植物的绘制过程中，注意树木、灌木的遮挡关系、群组关系，以及疏密的变化。

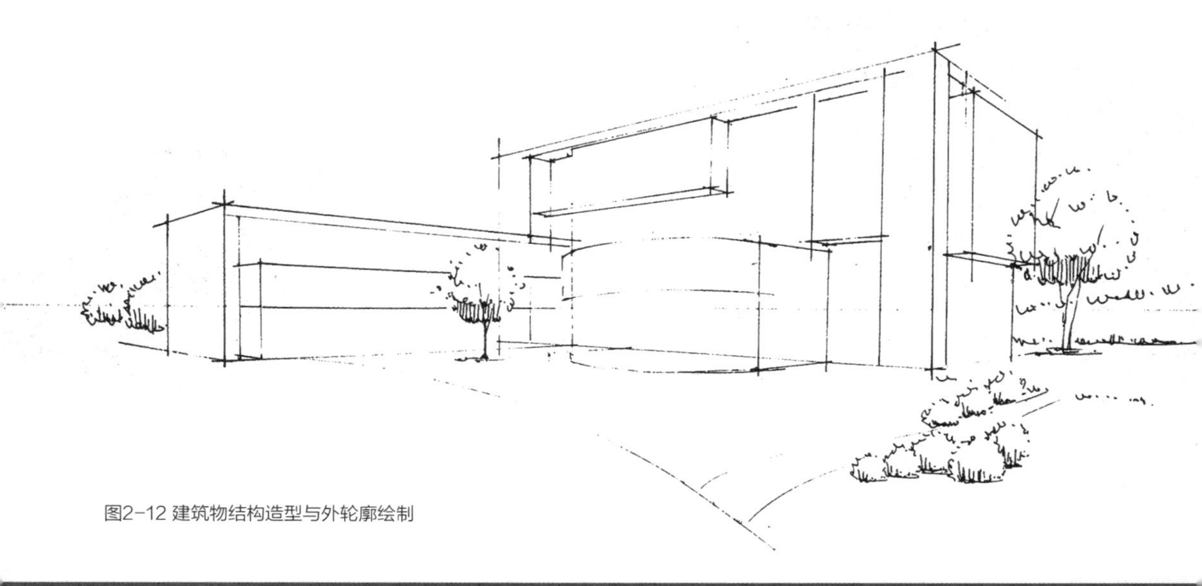

图2-12 建筑物结构造型与外轮廓绘制

知识延伸

什么是“少就是多”？

“少就是多”是由建筑大师密斯·凡·德·罗提出的“Less is more”，但又绝不是简单得像白纸一张，让你觉得空洞无物，根本就没有设计。“少就是多”是针对在建筑艺术处理上主张技术与艺术相互统一，利用新材料、新技术为主要表现手段，提倡精确、完美的艺术效果。

密斯·凡·德·罗坚持“少就是多”的建筑设计哲学，在处理手法上主张流动空间的新概念。他的设计作品中各个细部精简到不可精简的绝对境界，不少作品结构几乎完全暴露，但是它们高贵、雅致，已使结构本身升华为建筑艺术。西格兰姆大楼为世界上第一栋高层的玻璃帷幕大楼，其展现了密斯所提出的“少就是多”的设计原则。大楼内部不少设施也由密斯与他的徒弟菲利浦·约翰逊一手包办。大楼前的广场面积约占地基一半，这在当时也是创举。现代主义被带到美国后，结合资本家的力量，实践了许多作品。由于形式上的精简，容易模仿，因此很快影响到世界各地，也影响了其他领域的设计，因此称为“国际风格”。然国际风格却已缺乏早期现代主义乌托邦式的社会理想及批判精神，并且后来的模仿者未必如密斯·凡·德·罗一般注重对细部结构的处理，现代主义却至此达到一个高峰。

2.2.3 整体调整与局部绘制

整体把握和调整，加强线稿的细节刻画。对线稿进行深入刻画，对建筑物、植物等明暗关系进行强调。继续丰富画面，加强线稿的明暗关系处理。此时为了减少“错乱”的感觉，灌木的阴影应该用竖线，有序地排列画线。合理地运用“疏密相间法”，云彩的绘制用简易的“小m线”“云朵线”都可以，但不应该大面积地涂绘灰色调。

图2-13 建筑物整体调整与局部绘制

知识延伸

什么是疏密相间法?

疏密相间法是指作品中处理疏密关系的一种写作方法。疏与密，是指作品言和意之间相对比的密度。疏和密的辩证艺术在写作中，表现为该疏处一笔带过，该密处精雕细刻；疏而不松散、不浮荡，密而不生涩、不呆滞；疏密有度，疏中存密，密中见疏，二者互相间隔，彼此相得益彰。

想一想

如图2-14~图2-18，日本天守阁建筑线稿表现、室外三点透视超高层建筑物线稿表现、室外古建筑小品线稿表现、安徽宏村月沼徽派古建筑群线稿表现、室外别墅建筑线稿表现中，具体的局部处理还需要注意哪些问题?

1. 屋顶瓦片的处理不必都画满，要适当舍取，一般的表现方法为：靠近“阴影”部位的瓦片表现较密；靠近亮部受光部分的瓦片阴影较少，线条应该表现得稀疏一些，这样可通过线条的疏密来表现建筑物的透视关系。
2. 建筑物厚实稳固的表现方法：下部的瓦片表现较密，而上部楼层瓦片线条应该表现得稀疏一些，这样能起到“脚重头轻”的线稿表现效果。
3. 枯树主杆与树枝绘制注意遮挡关系及树枝的交叉关系。
4. 所有阴影的绘制要整齐，切不可用线凌乱，这样的阴影表现具有透气感。
5. 石头垒墙的表现方法与屋檐的线稿表现技法原理一样，注意疏密得当。

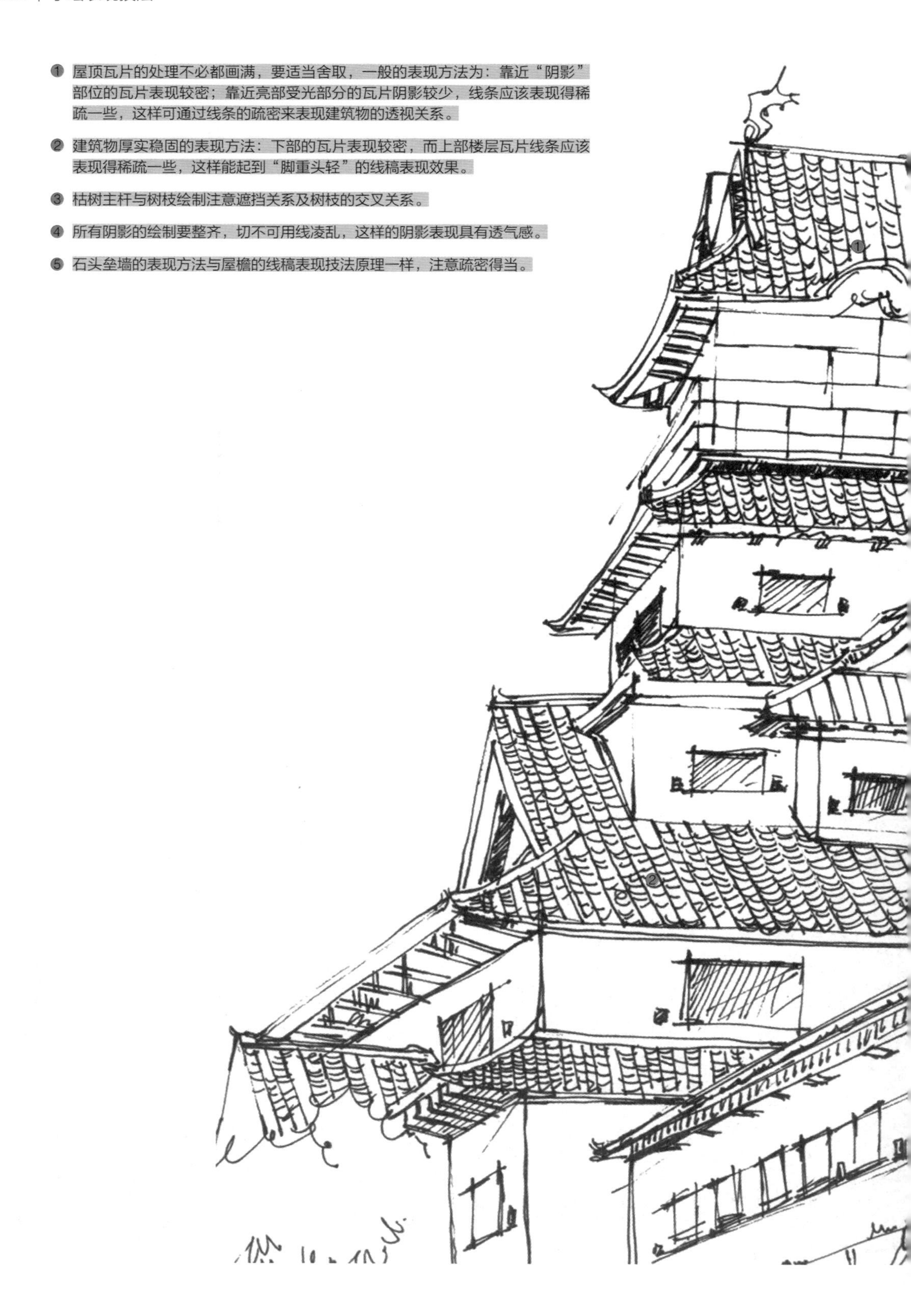

图2-14 日本天守阁建筑线稿表现 钢笔（孟祥北）
指导教师 孙琪

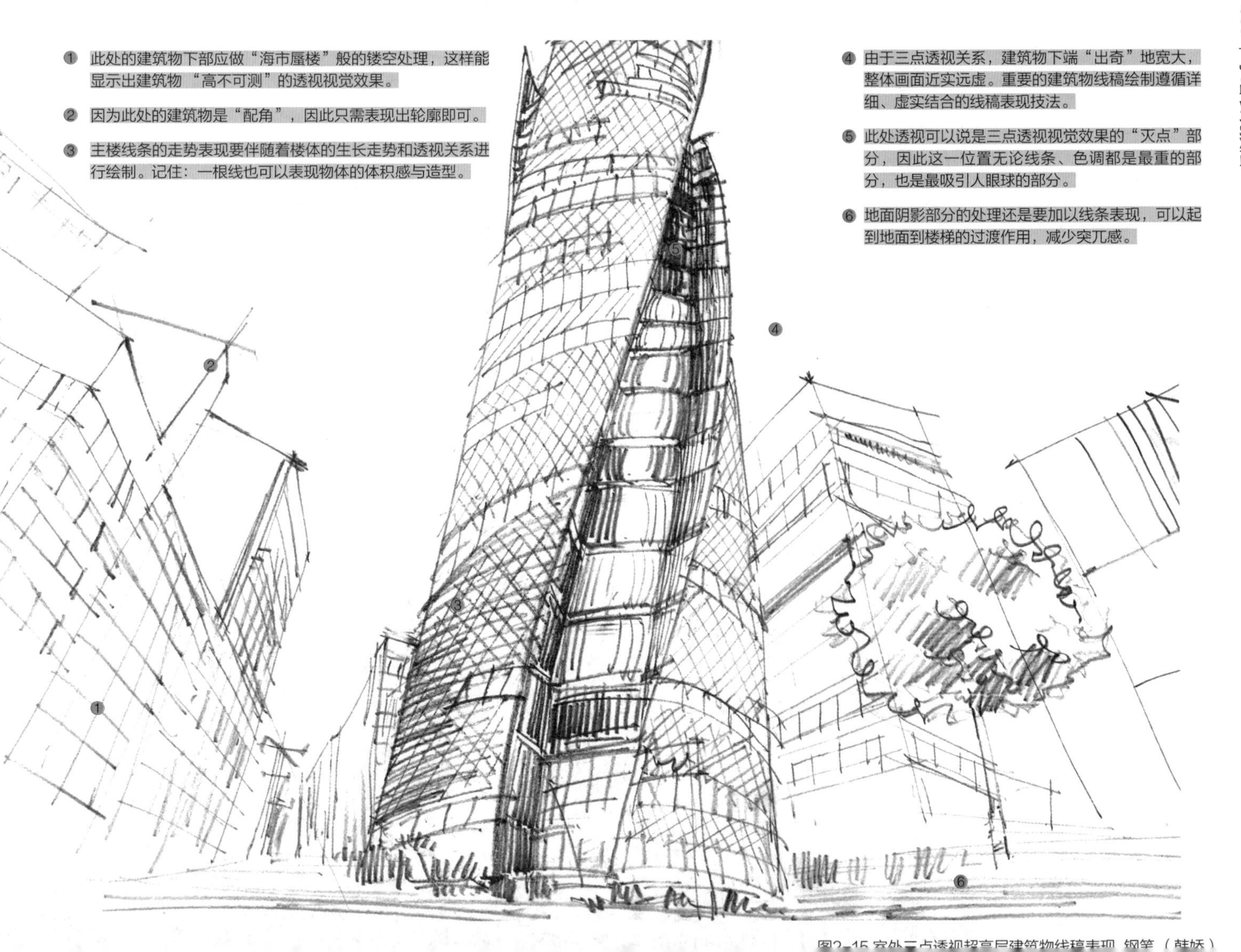

① 此处的建筑物下部应做“海市蜃楼”般的镂空处理，这样能显示出建筑物“高不可测”的透视视觉效果。

② 因为此处的建筑物是“配角”，因此只需表现出轮廓即可。

③ 主楼线条的走势表现要伴随着楼体的生长走势和透视关系进行绘制。记住：一根线也可以表现物体的体积感与造型。

④ 由于三点透视关系，建筑物下端“出奇”地宽大，整体画面近实远虚。重要的建筑物线稿绘制遵循详细、虚实结合的线稿表现技法。

⑤ 此处透视可以说是三点透视视觉效果的“灭点”部分，因此这一位置无论线条、色调都是最重的部分，也是最吸引人眼球的部分。

⑥ 地面阴影部分的处理还是要加以线条表现，可以起到地面到楼梯的过渡作用，减少突兀感。

图2-15 室外三点透视超高层建筑物线稿表现 钢笔（韩娇）

1. 此处的表现分出暗部、明暗交界线、亮部，加强整体素描造型关系。
2. 古建筑的悬挑屋顶表现要清晰、详细一些，因为这是古建筑的亮点所在。
3. 黑松针叶的表现需要一根一根地绘制，这样可以表现出良好的生长顺序。
4. 采用下部树层林缘线的遮挡可以起到很好的过渡作用，使主干的生长不会太突兀。

图2-16 室外古建筑小品线稿表现 鸭舌自动笔（杨震亚）
指导教师 孙琪

① 屋顶瓦片的处理不必都画满，要适当取舍，一般的表现方法为：靠近“阴影”部位的瓦片表现较密；靠近亮部受光部分的瓦片阴影较少，线条应该表现得稀疏一些，这样可通过线条的疏密来表现建筑物的透视关系。

② 远山用几笔（不要过多）同时带有虚实的线条表示，简洁而生动。

③ 建筑物厚实稳固的表现方法：下部的瓦片表现较密，上部楼层瓦片线条应该表现得稀疏一些，这样能起到“脚重头轻”的线稿表现效果。

④ 水中建筑倒影的表现为：靠近岸边的房屋线“实”且“直”，较远的建筑物线条则“曲折虚渺”。

图2–18 室外别墅建筑线稿表现 鸭舌自动笔（隋兴祖）
指导教师 孙琪

做一做

运用线稿绘制技法与知识，临摹（易）或创新（难）绘制一幅室外建筑场景线稿图。

任务2.3 园林景观手绘线稿分步绘制

任务目标

通过学习，掌握以下知识或方法：

□ 掌握两点透视和近大远小的透视方法在园林景观场景线稿中的应用。

□ 掌握线条疏密、虚实，阴影线条排线，画面内“计白当黑”的用线技法及绘画哲学理念。

□ 掌握园林景观中人物、铁桥、寺庙门庭、游艇的绘制方法。

任务描述

任务内容

在掌握单体植物、室外小品的线稿绘制基础上，进一步熟悉景观场景中线条绘制技法。通过学习园林景观场景绘制过程中碰到的实际案例项目和问题，学会处理画面透视与对比关系以及线条疏密关系。

实施条件

1. 画板、100gA3复印纸。
2. 2B鸭舌铅笔、签字笔、直尺。

2.3.1 透视分析

对透视进行分析，通过木板桥和主体树木定焦成角透视视觉中心VP_1、VP_2。一般情况下，园林景观主要的透视关系依靠“近大远小”的构图规律定焦视觉中心（具有如桥、小亭等建筑景观小品存在的情况下除外）。两点透视稿用铅笔起稿，首先确定两个中心灭点，然后用直尺做两个方向的参照线。

知识延伸

什么是园林景观?

园林景观的基本成分可分为两大类：一类是软质的东西，如树木、水体、和风、细雨、阳光、天空；另一类是硬质的东西，如铺地、墙体、栏杆、景观构筑。软质的东西称为软质景观，通常是自然的；硬质的东西称为硬质景观，通常是人造的。

我国的园林景观设计的表现手法多数处于考虑最多的是个性空间，景观设计专家冶青分析：“园林景观设计要以‘人’为本，经常见到大家提，真正运用到实际当中的很少。各大城市都有广场，广场很大，人不能留足，原因是树很少，城市家具少(座椅少)，草坪大，不让人进。雕塑太大，让我们窒息，比例关系和控制范围考虑不足。”

现代园林景观设计应多注重尺度“宜人、亲人”，尊重自然，尊重历史，尊重文化、文脉，不能违背自然而行，不能违背人的行为方式。鲁迅先生曾说过“其实地上本没有路，走的人多了，也便成了路”，所以我们在进行园林景观设计时应符合人的行为方式，既要继成古代文人、画家的造园思想，又要考虑现代人的生活行为方式，运用现代造园素材，形成鲜明的时代感。如果我们一味地推崇古代园林景观设计，就不会有进步。不同的时代，景观设计要留下不同的符号。

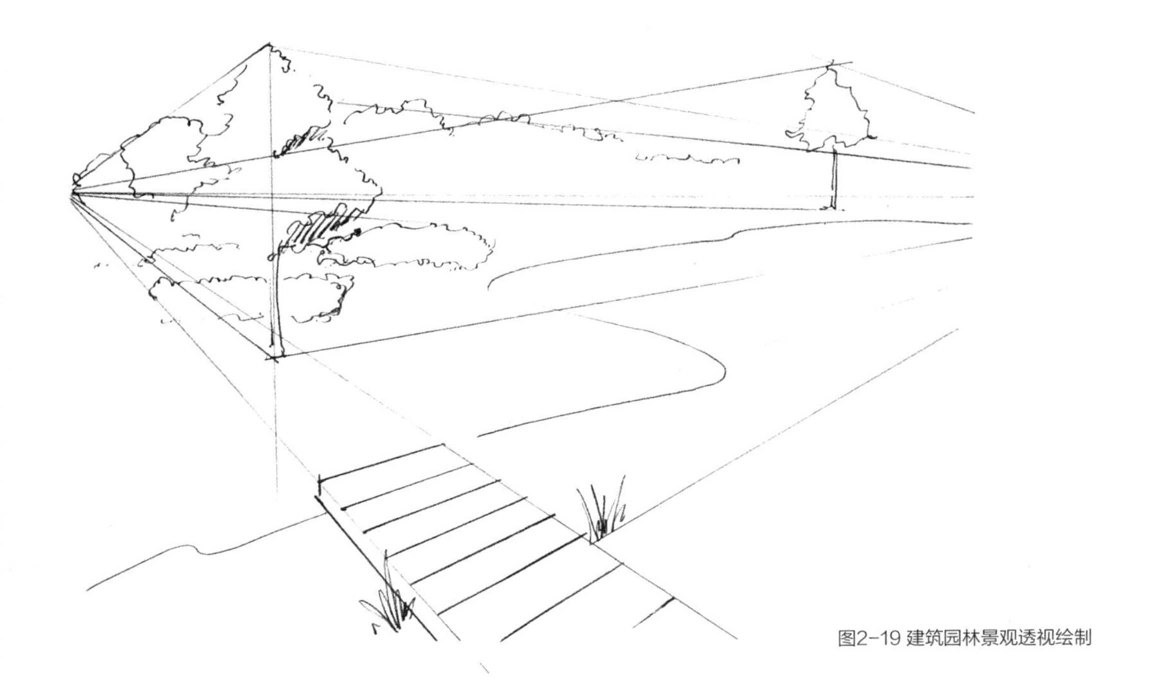

图2-19 建筑园林景观透视绘制

2.3.2 主要桥体部分的绘制

在本幅图中，木板桥可以算作是园林景观中的中心亮点部分，因此可以首先重点刻画，这也是与前面任务2.1、任务2.2有所区别的地方。野草的绘制做到疏密得当，为了表现透视，要“近密远疏”，而且靠近桥的部分由于阴影，此处的草木更需表现得密集一些。另外，桥板的木条分割线保持远密近疏，这样才能表现出近大远小的透视效果。

图2-20 主要景观部分的绘制

2.3.3 中、远场景树木的细部绘制

构图时中景部位的树木要首先绘制，因为这是离人视觉线最近的大型植物，无论树冠、外轮廓还是阴影（树的阴影要用同一方向的竖线均匀绘制，切不可涂黑，否则没有透气感）都显现得比较清晰。相比较，远场景处的树林只能显现林冠线的外轮廓和树干，因此做模糊虚化处理就会使远处的景观退后得更远。

图2-21 中、远场景树木的细部绘制

知识延伸

什么是林冠线?

水平望去，树冠与天空的交际线叫做林冠线。林冠线可打破建筑群体的单调和呆板感。手绘表现时应注重选用不同树形的植物如塔形、柱形、球形、垂枝形等构成变化强烈的林冠线；不同高度的植物，构成变化适中的林冠线；利用地形高差变化，布置不同的植物，获得高低不同的林冠线。

2.3.4 整体调整与局部绘制

整体把握和调整，加强线稿的细节刻画。对线稿进行深入刻画，对植物等明暗关系进行强调。注意整体的明暗关系，并注意线条应轻松有变化。所有树木底部的阴影部分都位于地平线，树冠底部要保持在一条平行线上。在线稿上，对植物的阴影等细节进行深入刻画。注意近实远虚、近大远小以及线条的虚实变化。

图2-22 建筑园林景观整体调整

想一想

如图2-23~图2-27，日本东京商业区线稿表现、日本濑户大桥沿江建筑群线稿表现、佛教寺庙入口线稿表现、刘公岛船舶码头线稿表现、田间小品风景线稿表现中，具体的局部处理还需要注意哪些问题？

图2-23 日本东京商业区线稿表现 鸭舌自动笔（靖琳玉）
指导教师 孙琪

❶ 此处美中不足的是应该做留白处理，落地的线性应该采用由下而上的“撤退线”。

❷ 位于视觉中心，精彩的建筑附属物外轮廓应该表现得实一些，线条应该虚实得当。

❸ 近处的建筑物可以用较为密集的线条绘制，楼体的明暗交界处的用线应该实一些，反之非转折部位用线虚一些。

❹ 人物的线稿绘制可以采用简笔画，透视关系为近大远小。

图2-24 日本濑户大桥沿江建筑群线稿表现 鸭舌自动笔（韩娇）
指导教师　孙琪

① 海面波涛的用线技法处理由岸边向外逐渐变淡，变得稀疏。

② 钢筋大桥的线条疏密由左往右顺次递减，显得具有透视感和递进性。

③ 远处的建筑物表现线条颜色要“浅”，再分一个层次，远处两边的建筑物表现得较为详细，中间的较为省略。

④ 天空云霞用几笔（不要过多）同时带有虚实的线条表示，简洁而生动。

⑤ 远处建筑物下端做简略处理，显得建筑物高耸入云。

图2-25 佛教寺庙入口线稿表现 钢笔（靖琳玉）
指导教师 孙琪

❶ 此处屋瓦应采用简化线条处理，与后面的密林形成疏密对比，形成画面层次“强对比”，增加透视性。

❷ 远处的茂密树林看似无法下手，但利用阴影的层叠，就会使得树林具备层次感。

❸ 此处阴影的绘制要整齐，这样的阴影表现具有透气感。

❹ 由于两边的线条过于密集，中间的道路部分就应该“轻描淡写”。

❺ 为了更好地表现一点透视关系和建筑场景的深邃感，整体画面远处线条较为密集，近处较为稀疏。

图2-26 刘公岛船舶码头线稿表现 鸭舌自动笔（杨震亚）
指导教师 孙琪

1. 塔吊是码头建筑设备具有特色的东西，要详细绘制。
2. 远处的山脉只需勾画几笔轮廓线即可。
3. 船体涂上调子（或色彩）的时候应该中间浅、两端深。
4. 航行中的船只，掀起的海面涟漪，只需要几笔淡淡线条就可以将一汪的海水表现出来，这就是齐白石中国画《虾》中“当白计黑”的技法哲学。

图2-27 田间小品风景线稿表现 鸭舌自动笔（隋兴祖）
指导教师 孙琪

1. 竹林的绘制是最不容易实现的，通过绘制竹叶的下部投影，就能够很好地将这一小范围的竹林表现出来。
2. 此处阴影的绘制要整齐，这样的阴影表现具有透气感。
3. 由于上半部分绘制得密集，下半部分的麦田就采用“横向留白”的处理技法，这样可以拉开层次。
4. 树干线条的“弯形”处理可以增加体积感。
5. 为了跟墙面的白色形成对比，将屋瓦描绘细致也会很出彩。

做一做

运用线稿绘制技法，临摹（易）或创新（难）绘制一幅建筑园林景观场景的线稿图。

近代建筑历史人物知多少

路德维希·密斯·凡·德·罗

路德维希·密斯·凡·德·罗（Ludwig Mies Van der Rohe，1886~1969），德国建筑师，也是最著名的现代主义建筑大师之一，与赖特（Frank Lloyd Wright）、勒·柯布西耶（Le Corbusier）、瓦尔特·格罗皮乌斯（Walter Gropius ）并称四大现代建筑大师。密斯坚持“少就是多”的建筑设计哲学，在处理手法上主张流动空间的新概念。

密斯在1908－1911年间与著名建筑大师彼得·贝伦斯一起工作，并从中学到了相当多的东西。后来，他又采纳了包豪斯建筑学派的风格，并继承了瓦尔特·格罗皮乌斯遗留的风格。

密斯·凡·德·罗为1929年巴塞罗那博览会建的德国馆仅存在5个月，没有吸引很多人注意，但被拆除25年后被誉为大师杰作，于1985-1986年间在巴塞罗那重建。密斯于1937年移居美国，1938－1958年任芝加哥阿莫尔学院（后改名伊利诺工学院）建筑系主任。

密斯·凡·德·罗运用直线特征的风格进行设计，但在很大程度上视结构和技术而定。璃、石头、水以及钢材等物质加入建筑行业的观点也经常在他的设计中得以运用。在公共建筑和博物馆等建筑的设计中，他采用对称、正面描绘以及侧面描绘等方法进行设计；而对于居民住宅等，则主要选用不对称、流动性以及连锁等方法进行设计。

密斯建立了一种当代大众化的建筑学标准，他的建筑理念已经扬名全世界。作为钢铁和玻璃建筑结构之父，密斯提出的“少就是多” (less is more)的理念，集中反映了他的建筑观点和艺术特色，也影响了全世界。密斯在很多领域中都起了相当大的作用，他在自传中说道:“我不想很精彩，只想更好！”在芝加哥伊利诺工学院工作之际，由他设计的湖滨公寓（Lake Shore Drive Apartments）充分展示了他在科技时代的建筑天赋。

密斯·凡·德·罗代表作
范斯沃斯住宅(Farnsworth house)

Project 3

项目3 室内外手绘造型上色绘制

任务3.1 室内家居空间手绘上色稿分步绘制

任务目标

通过学习，掌握以下知识或方法：

□ 理解什么是冷暖色调的对比，通过大量的练习掌握冷暖色调对比的用色技巧。

□ 掌握马克笔上色技法中“叠色”“漏色”的使用。

□ 理解马克笔上色过程中的大笔触线条与线稿透视方向相一致的原则。

□ 掌握色彩自然过渡与画面整体调整的绘画技巧。

任务描述

任务内容

在掌握室内单体上色绘制的基础上，进一步熟悉例如沙发、吊灯等室内小物件在整体环境上色中的绘制技法。通过学习室内装饰场景绘制过程中碰到的实际案例项目和问题，学会灵活绘制并处理画面色彩对比的关系。

实施条件

1. 画板、100gA3复印纸、A3纸质垫板。
2. 油性马克笔、水溶彩铅、三角板。

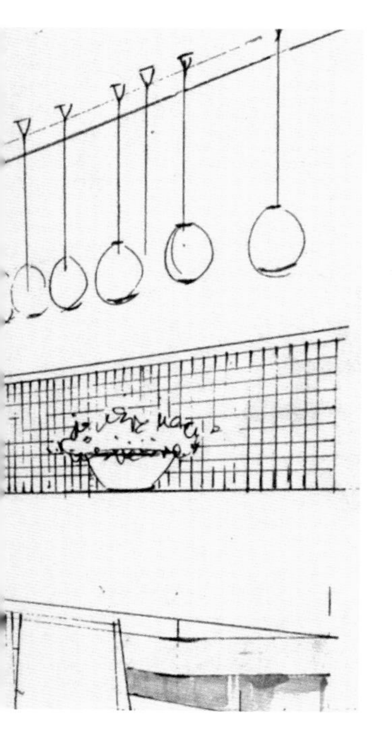

3.1.1 室内空间冷暖色调的处理

用较淡的灰色调给空间物体铺色第一遍阴影。对于室内是白色墙面的，一般先用浅灰色（一般采用WG1、WG2、WG3或CG1、CG2、CG3）的马克笔进行暗部处理，并注意笔法的变化与运用，以及粗细、虚实。离视觉中心灭点较近处的阴影用马克笔宽头处理（注意平峰和侧峰用笔的转换），以面带线显示笔法密集；反之离视觉中心灭点较远处的阴影用马克笔细头处理，显示笔法稀疏，使得影像具有高光反射感。同时注意地面与顶棚（或横向阴影与纵向阴影）的冷暖对比。此图的绘制采用上冷下暖的上色处理技巧，拉开空间色彩对比，凸显视觉空间。接下来，进行地面阴影或吊顶的第二遍上色，以中色（一般采用WG4、WG5或CG4、CG5）为主。绘制的过程中，离灭点较近处的阴影用马克笔宽头的侧锋处理（以达到使上色的笔触变窄的目的），不可全部平涂，要采用镂空底色的上色技巧，缝隙透下第一遍的底色，使得阴影的表现具有过渡性和透气感，能够减弱画面发“闷”的不良效果。

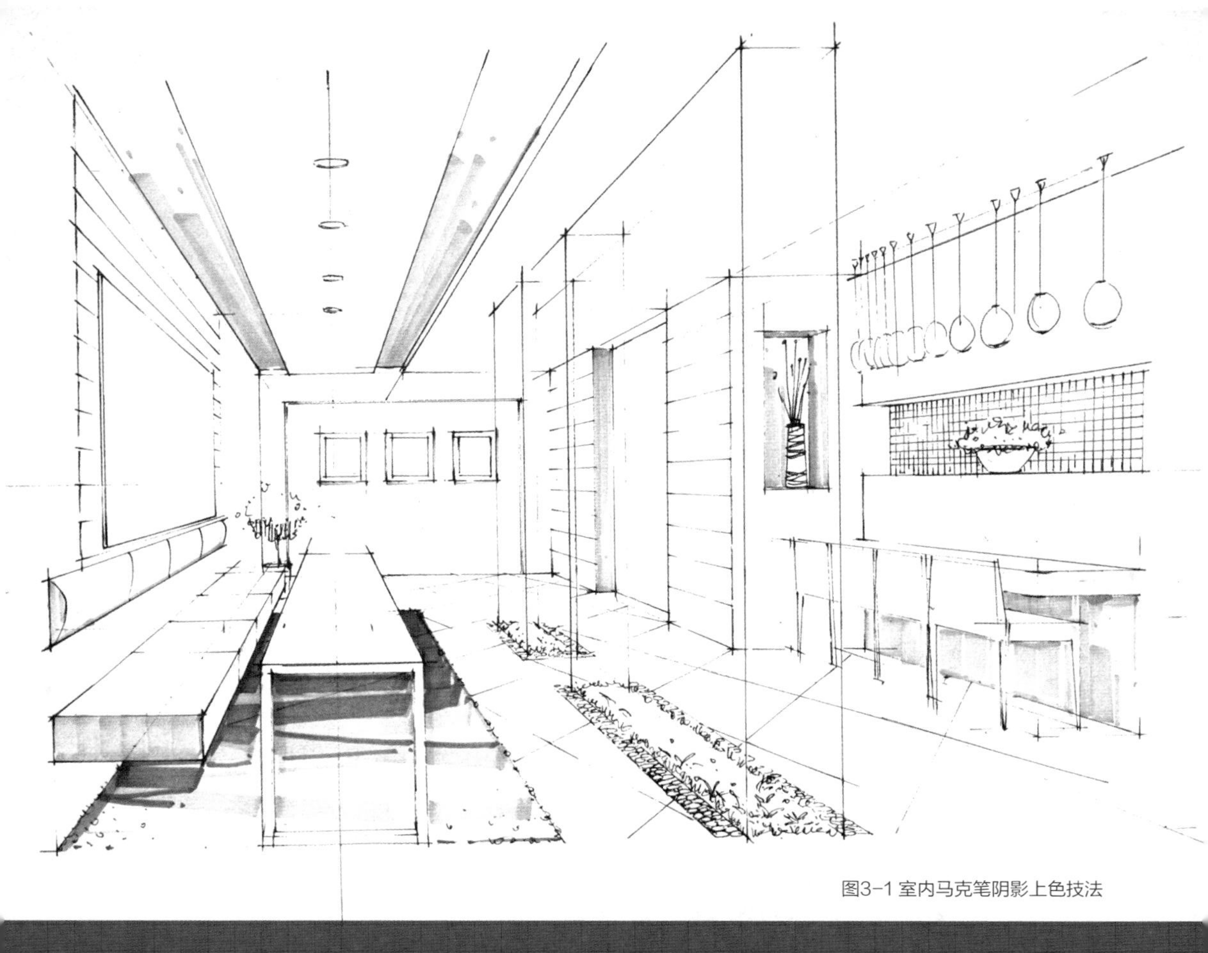

图3-1 室内马克笔阴影上色技法

知识延伸

什么是冷暖对比?

冷色或暖色是一种色彩感觉，冷色和暖色没有绝对，色彩在比较中生存，如朱红比玫瑰更暖些，柠檬黄比土黄更冷。画面中的冷色和暖色的分布比例决定了画面的整体色调，也就是通常说的暖色调和冷色调。使用了冷暖对比色可使画面更加有层次感。在绘画中，不同的色调能表达意境和情绪。

色彩绘画的表现中，利用冷暖色差加强色彩的对比，拉开距离感，表现出特殊的视觉对比与平衡感，使画面充实具有纵深感。一般在暗部与深色处用暖色平衡，亮部用冷色系颜料加强对比，提高画面的对比效果，但需要适量使用，不然画的整体效果会偏灰。

3.1.2 主要墙面与构造物的上色绘制

上第二层色调，对视觉中心两侧部分的家具进行刻画，增加画面重心力度。在墙面与构造物的上色过程中，要注意沿着木墙面的构造面横向绘制（对于不能绘制直线走势的学生可以依靠三角板，三角板要与纸面保持45度的倾斜角）。绘制的过程中笔触也要考虑透视，始终要与灭点的走势保持一致。在起笔和落笔的时候应该与饰面墙轮廓线保持一致，切不可因为上色而破坏物体结构。大面积进行平铺时，笔触之间适当地留有缝隙以视留白，不可以完全平涂。上色时，主要与原有物体的基本色调，即固有色保持一致。墙面的绘制色调宜采用浅色调，切记不可为了模仿一步到位而用色过深，从而造成无法弥补的后果。室内玻化瓷砖地面的垂直反光与玻璃造型墙竖向笔触处理，以及小植被的绘制主要分清阴影和亮部点到即可。

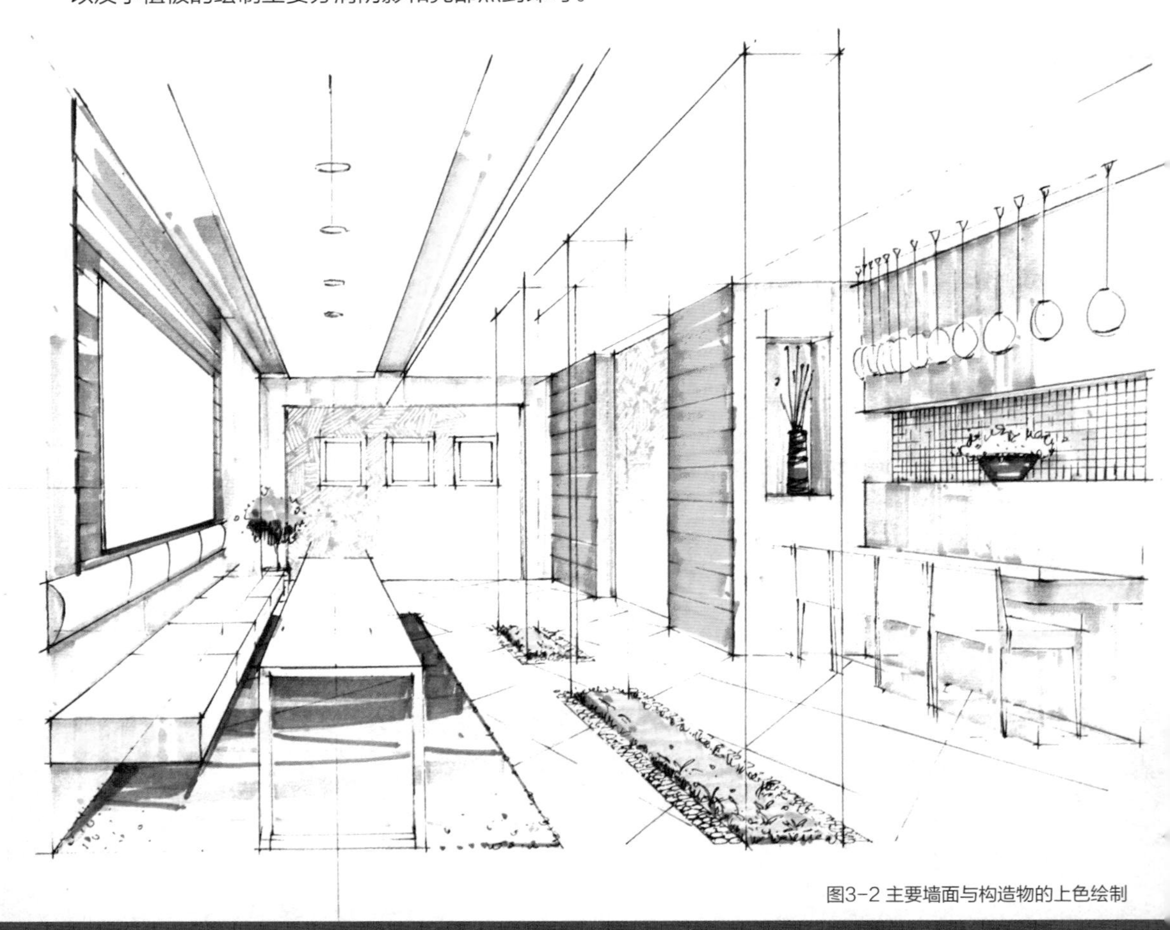

图3-2 主要墙面与构造物的上色绘制

知识延伸

什么是固有色?

固有色，就是物体本身所呈现的固有的色彩。对固有色的把握，主要是要准确地把握物体的色相。

由于固有色在一个物体中占有的面积最大，所以对它的研究就显得十分重要。一般来讲，物体呈现固有色最明显的地方是受光面与背光面之间的中间部分，也就是素描调子中的灰部，我们称之为半调子或中间色彩。因为在这个范围内，物体受外部条件色彩的影响较少，它的变化主要是明度变化和色相本身的变化，它的饱和度也往往最高。

3.1.3 整体色调调整与局部刻画

进行第三层色彩的追加与调整，继续加重物体边缘线位置和阴影的色值，给装饰品上少量鲜艳色彩以烘托画面气氛，做画面的调整。地面阴影和墙面背景的色彩表现应该层层深入，色彩由浅入深。采用“漏色”的绘制技法，使画面过渡更自然。再次注意笔触的运用，可以强化材质的表现，增强画面的层次。玻璃材质的处理应该注意大面积留白，颜色以浅蓝色为主。家具的上色过程中要有相对的重色出现，增加明暗层次。整体空间可以适当地采用水溶彩铅对画面进行深入刻画，强调明暗对比，色调统一，使得光线颜色过渡自然、融洽。

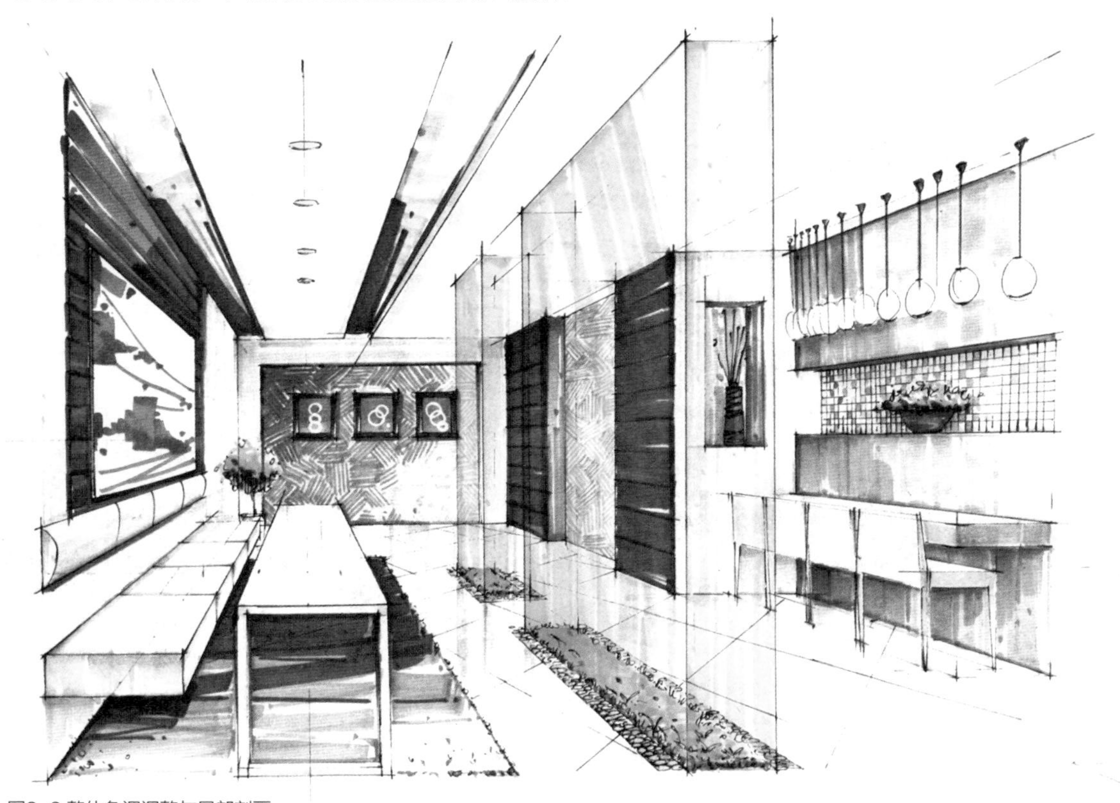

图3-3 整体色调调整与局部刻画

知识延伸

什么是颜色过渡？

颜色过渡就是一种色彩的渐变。例如色环排列图，从大红色到淡一点的红色再到偏黄的红色一直到橙色到黄色，这样就形成了颜色的过渡。如果一个大红色直接配一个蓝色，色彩对比就会很激烈。其实颜色的过渡就是对颜色从强到弱这样的色彩弱对比进行处理的一种技法。

想一想

如图3-4~图3-10，室内客厅一角空间色彩稿表现、室内卧室空间色彩稿表现、室内客厅空间色彩稿表现、室内卫浴空间色彩稿表现中，局部的处理还需要注意哪些问题？

图3-4 室内客厅一角空间色彩稿表现 钢笔、马克笔（宿博）
指导教师 孙琪

① 墙面亮色的色调搭配能使得整个空间变得活泼生动，也为马克笔的笔触感增添了几分灵动。

② 重色调的茶几平衡了整个空间，底部阴影适当留白，有透气感。

③ 阴影部分做了留白处理，使得整个画面更有空间感。

④ 近处的地毯处理疏密得当。

图3-5 室内卧室空间色彩稿表现 钢笔、马克笔（宿博）
指导教师 孙琪

① 运用点、线、面绘制技巧，灵活排笔，较好地表现了木质背景墙的明暗关系。

② 刻画装饰纹理时，注意到了空间环境色以及透视关系，处理得较为得当。

③ 电视背景墙明暗关系处理得当，石材质感表达明确。

④ 考虑到了不同材质的物体在灯光下的不同质感表现，这样的表达手法增强了物品的真实感。

图3-6 室内卧室空间色彩稿表现 钢笔、马克笔（宿博）
指导教师 孙琪

① 灯具的处理简洁而大方。

② 电视机柜的材质表达到位，马克笔运用灵活，很好地体现了木质感。

③ 整面床头背景墙的色彩靓丽，能真实地表达木质感，点、线、面的笔触使得整面墙变得丰富起来。

④ 抱枕的处理要注意体感的表达，色彩处理丰富。

图3-7 室内卧室空间色彩稿表现 钢笔、马克笔（宿博）
指导教师 孙琪

① 考虑到了近实远虚的透视关系，远处的物品略微表达，使整个空间感增强。

② 正面墙体材质表现丰富多彩，从形体结构到色彩都表达得比较到位，尤其是镜面的表现。

③ 地砖拼缝线的绘制使用高光笔使得空间灵动，也进一步考虑到了透视关系。

④ 电视背景墙的表现带有一丝中国水墨画的感觉，使石材的质感表现得淋漓尽致。

②
①

图3-8 室内客厅空间色彩稿表现 钢笔、马克笔、彩铅（宿博）
指导教师 孙琪

❶ 阴影部分从线条的排布到色彩的搭配处理得细致到位。

❷ 通过深浅灵活的色彩搭配使得整个吊灯光感十足。

❸ 木质电视背景墙的表达运用了点、线、面的结合，更加丰富了画面。

❹ 花盆的细致刻画使得空间有疏有密。

图3-9 室内客厅空间色彩稿表现 钢笔、马克笔、彩铅（宿博）
指导教师 孙琪

① 窗外景物的虚实处理得当，增强了空间感。

② 注意沙发靠枕的处理，要虚实结合。

③ 作为室内装饰物的盆栽，从材质到植物的生长特点都表现到位，高光笔的应用画龙点睛。

④ 地面材质表达细腻，反光效果处理得当。

③
④
2010.3.10.

图3-10 室内卫浴空间色彩稿表现 钢笔、马克笔（宿博）
指导教师 孙琪

1. 木质背景墙的表现非常到位，透视关系准确，色彩表现出了木质感。
2. 顶棚处理细致，材质表达明确，透视准确。
3. 暖黄色的灯光与冷蓝色的背景墙形成鲜明的冷暖对比。
4. 地面材质的细节表达非常到位，无论是透视关系还是地砖的质感都表达得淋漓尽致。

做一做

运用线稿绘制技法与知识，临摹（易）或创新（难）绘制一幅室内建筑装饰色彩效果图。

任务3.2 室外建筑物手绘上色稿分步绘制

任务目标

通过学习，掌握以下知识或方法：

- □ 理解冷灰色与暖灰色在室外建筑上色稿中阴影与亮部部位的应用。
- □ 掌握建筑反光处的留白技法。
- □ 掌握建筑环境中玻璃幕墙、水面的画面处理技法。
- □ 掌握小灌木上色中立体效果的处理。

任务描述

任务内容

在掌握室外小品单体上色绘制的基础上，进一步熟悉建筑场景整体环境上色的绘制技法。通过学习室外建筑场景绘制过程中碰到的实际案例项目和问题，学会灵活处理并绘制画面。

实施条件

1. 画板、100gA3复印纸、A3纸质垫板。
2. 油性马克笔、水溶彩铅、三角板。

3.2.1 室外建筑冷暖色调的处理

用较淡的色彩刻画建筑物。先用浅灰色系（一般采用WG1、WG2、WG3或CG1、CG2、CG3）的马克笔进行暗部处理，并注意笔法的变化与运用。对于这种几何形楼体上色时，马克笔运笔方向由下而上，这种技法是借用马克笔落笔时运笔速度较慢，下水较多、颜色较厚的自然物理属性，从而显示建筑墙根的部位阴影较重的自然效果。对于不能绘制直线走势的学生可以依靠三角板，三角板要与纸面保持45度的倾斜角使用，便于快速撤离纸面。用浅的冷灰色（CG系列）对建筑物"凹陷"部分（阴角）进行阴影色调的铺设工作。用浅的暖灰色（WG系列）对建筑物"凸起"部分（阳角）进行基本的色调铺设，从而形成冷暖对比，增加层次感。用灰色时，也要遵循前面讲到的从建筑物的底部到顶部，由深至浅的用色规律进行上色绘制。

知识延伸

什么是阴角、阳角？

建筑中的阴角的特点是不大于180度，如果大于则是阳角，建筑物构件与构件之间的夹角是阴角，例如，站在平常的室内，墙与顶棚、墙与墙之间的夹角都是阴角。那什么是阳角呢？建筑物所有夹角的外角是阳角，例如独立矩形柱的四个角、外墙的转角（但不能是两面墙的夹角）都是阳角。

图3-11 建筑物冷暖色调的上色处理

3.2.2 建筑物结构造型与外轮廓绘制

阴影的第二遍上色，以灰色系当中的中色（一般采用WG4、WG5或CG4、CG5）为主。进一步增加建筑物阴影的铺色程序，增加画面重心力度。继续对建筑物以外的植物等背景进行色彩绘制，同时对建筑物受光部以适当留白的形式做进一步处理，以示高光的存在。用浅绿色处理草坪的固有色，亮部适当留白。对天空云层进行基本的短线快速笔触处理。建筑物在水中的倒影一定要用竖直的几条“马克笔线”去表现，才能巧妙地将建筑与周围的环境有机地结合起来，从而不显得孤立突兀。

图3-12 建筑物结构造型与外轮廓绘制

知识延伸

灰色系示意图

灰色系										
白	10%亮灰	20%银灰	30%银灰	40%灰	50%灰	60%灰	70%昏灰	80%炭灰	90%暗灰	黑
White	10% Light Gray	20% Silver Gray	30% Silver Gray	40% Gray	50% Gray	60% Gray	70% Dim Gray	80% Charcoal Gray	90% Dark Gray	Black
暖灰										深暖灰
冷灰										深冷灰

3.2.3 整体调整与局部绘制

进行整体调整时，用少量鲜艳色彩烘托画面的整体气氛，增添画面的灵动效果。接着继续加强明暗关系，加强如玻璃、水面的质感的刻画，加入少量的对比色和环境色（例如圆形玻璃幕墙会反射草地的绿色）会使得物体与环境之间具有融合感与联系感，不突兀，更能起到画龙点睛的作用，增加画面的趣味性。云层是有体积感的，应注意留白（可采用快速排笔留白法，顾名思义，上色排笔的速度加快，留在纸面的色彩会减少，自然会形成“真空”的留白效果）。最后的效果处理如果怕用马克笔绘制不到好处，影响整个画面，则可以使用水溶性彩铅进行最后的局部细腻调整与整体色彩的统一处理。

知识延伸

什么是环境色？

环境色是物体表面受到光照后，除吸收一定的光外，也能反射到周围的物体上，尤其是光滑的材质（如玻璃）具有强烈的反射作用。另外在暗部中反映较明显。环境色的存在和变化，加强了画面相互之间的色彩呼应和联系，能够微妙地表现出物体的质感，也大大丰富了画面中的色彩。所以，环境色的运用和掌控在绘画中是非常重要的。

环境色在摄影构思构图、装修设计、酒店餐饮娱乐界等显得十分重要。在绘画和设计时一定要考虑光源的颜色、环境色的颜色、物体的颜色，自然界物体呈现的颜色和在这些环境中呈现的颜色截然不同。例如在摄影中，若不考虑环境色，人物面部的颜色可能是青色或者土黄色（病态感）。在展示设计中，食品若放置在红光和紫色的环境里，呈现的颜色有可能十分可怕或者影响人的食欲。

想一想

如图3-14~图3-19，流水别墅色彩稿表现、日本天守阁色彩稿表现、室外三点透视超高层建筑物色彩稿表现、安徽宏村月沼徽派古建筑群色彩稿表现、室外别墅建筑上色稿表现、北展展示楼色彩稿表现中，具体的局部处理还需要注意哪些问题？

图3-13 建筑物整体调整与绘制

图3-14 流水别墅色彩稿表现 钢笔、马克笔、彩铅（宿博）
指导教师 孙琪

① 建筑物的转折处做了明暗对比，使得空间层次更为丰富。在笔触上也是顺着墙体的结构进行，点、线、面的表达使得整个主体建筑疏密有致。

② 用蓝色刻画水面，考虑到了阴影关系，并合理运用点、线、面表现水面质感。

③ 近处的散植刻画精细，做到了近实远虚。

④ 植物的表现使得整个空间灵动起来，对植物整体形体把握非常好。

图3-15 日本天守阁色彩稿表现 钢笔、马克笔（孟祥北）
指导教师 孙琪

① 植物表达要注意虚实结合，特别是暗部处理要细腻。

② 建筑物暗部处理细腻、透气。

③ 远处的植物绘制选用这样的表达方式，推陈出新使得整个画面层次丰富又不失情调。

④ 明暗面的冷暖对比，使得正面石头墙变得真实，光感的处理恰到好处。

图3-16 室外三点透视超高层建筑物色彩稿表现 鸭舌自动笔、马克笔、彩铅（韩娇）
指导教师 孙琪

❶ 用彩色铅笔来表达天空，考虑到了色彩渐变。

❷ 色彩刻画要注意前后透视关系，前实后虚。

❸ 主体建筑的表达细致，构图选择的视角特别，能吸引观者的眼球。

❹ 绘者对玻璃幕墙材质的表现非常到位，独特的造型使得主体建筑更加挺拔。

图3-17 安徽宏村月沼徽派古建筑群色彩稿表现 鸭舌自动笔、马克笔、彩铅（隋兴祖）
指导教师 孙琪

1. 加深暗部投影，丰富墙体灰色，调整墙体间的穿插关系，并用深色调刻画暗面，浅色调提亮受光面，增强立体感，同时注意环境色的相互影响。
2. 水面倒影的表达丰富，从色彩到透视关系都用写意的技法表现出来。
3. 砖瓦线条处理要注意建筑结构。
4. 人物的处理要注意冷暖和虚实。

图3-18 室外别墅建筑上色稿表现 鸭舌自动笔、马克笔（隋兴祖）
指导教师 孙琪

图3-19 北展展示楼色彩稿表现 钢笔、马克笔（吴昊）
指导教师 孙琪

❶ 整体空间选用暖黄色调子，不同的笔触表达不同的材质，使得空间感丰富多变又能融合在一起。

❷ 注意建筑物的冷暖处理。

❸ 人物的虚化处理非常到位，在手绘效果图中人物以表现比例关系存在。

做一做

运用线稿绘制技法与知识，临摹（易）或创新（难）绘制一幅室外建筑场景线稿图。

任务3.3 园林景观手绘上色稿分步绘制

任务目标

通过学习，掌握以下知识或方法：

□ 理解园林景观用色过程中植物的上色规律。

□ 了解园林景观用色过程中绿色调的冷暖对比效果。

□ 掌握水溶彩铅在园林景观整体调整中的柔化处理效果。

任务描述

任务内容

在掌握植物单体上色绘制的基础上，进一步熟悉植物在整体环境上色中的绘制技法。通过学习园林景观绘制过程中碰到的实际案例任务和问题，学会处理并灵活表现画面色彩弱对比、强对比的处理关系。

实施条件

1. 画板、100gA3复印纸、A3纸质垫板。

2. 油性马克笔、水溶彩铅、三角板。

3.3.1 画面基础色调的上色绘制

在园林景观的上色练习中，与前面任务3.1和任务3.2所使用的灰色系（冷灰色系、暖灰色系）基础稿上色是有所区别的。针对于本幅作品，先用较淡的绿色（如果掌握不好建议学生还是运用浅一个层次的绿色）和相对中性的绿色色彩铺设草坪固有色。与之不同的是，在视觉中心单独树木的部分和木板桥周边的稀疏草丛部分，建议采用先暗部后亮部（亮部要留白形成高光的反射部分）、先纯色后灰色的用色规律，尤其是树木阴影部位和靠近桥板的边缘部分。这是因为有阴影，颜色的处理相对会更深。

知识延伸

什么是高光?

高光指画面调子最亮的一个点，表现的是物体直接反射光源的部分，多见于质感比较光滑的物体。暗部由于受周围物体的反射作用，会产生反光。反光作为暗部的一部分，一般要比亮部最深的中间颜色要深。在只有一个或者几个光源时,光源照射到物体然后反射到人的眼睛里时,物体上最亮的那个点就是高光，高光不是光,而是物体上最亮的部分。

图3-20 建筑园林景观植物基础上色处理

3.3.2 主要桥体部分的绘制

第二层颜色铺设时，对视觉中心整体进行更深一个层次的刻画（例如主要的树木、低矮灌木丛、道路两旁的茅草以及木板桥两侧的阴影部分需要进一步的色彩处理，色调循序渐进更上一个层次）。强化植物的基本色相，并注意同样是绿色系植物它们前后的冷暖变化（本画面前暖后冷）以增加层次感。另外，适度增加一些补色变化，更能增加画面色彩的跳跃感。

图3-21 主要景观部分的绘制

知识延伸

绿色系色谱表

霓虹绿	绿黄色	春绿色	叶绿色	苹果绿	青白灰	草坪绿	水浅葱色
HEX:00FF80	HEX:ADFF2F	HEX:6BB073	HEX:83AD50	HEX:A0BD2B	HEX:9BA88D	HEX:7CFC00	HEX:70a19f
松石绿	查特酒绿色	嫩绿色	绿茶色	薄荷色	绿白色	若绿色	圣诞绿色
HEX:008573	HEX:7FFF00	HEX:A9CF53	HEX:999E31	HEX:007850	HEX:B2DBD5	HEX:7fb80e	HEX:20F856
雨林绿	深绿色	闪光绿	枯叶绿	墨绿色	绿瓷色	萌葱色	潮湿的草
HEX:00755E	HEX:006400	HEX:D7E37F	HEX:AEBA7F	HEX:006650	HEX:84C2B7	HEX:006c54	HEX:515733
青瓷色	森林绿	橄榄色	草坪色	青翠绿	海洋绿	青苔色	芥末色
HEX:ACE1AF	HEX:228B22	HEX:808000	HEX:BDCC12	HEX:15AD66	HEX:209E85	HEX:5c7a29	HEX:C1D169
薄荷冰淇淋色	酸橙绿色	土褐橄榄色	浅绿色	铬绿色	青灰绿	抹茶色	青绿灰
HEX:F5FFFB	HEX:32CD32	HEX:556B2F	HEX:CCE099	HEX:6ABD78	HEX:428C6D	HEX:b7ba6b	HEX:90A691

3.3.3 中、远场景树木的细部绘制与景观整体调整

进行第三层上色程序时，远处场景的树林给予灰色的弱化处理，用彩铅对后面的树木进行简单处理，使得背景变虚，形成虚实关系。水面上采用少量鲜艳色彩以烘托整个画面（可使用相对细腻的彩铅进行柔和画面）。继续对画面中心进行例如阴影的刻画（在造型基础的绘制过程中，我们可以看到，物体有了阴影才能对比出受光部位的形体）。为了减弱油性马克笔的“突兀感”，用彩铅进行“柔化”，但在此画面中一定要注意，此处的木板桥位于画面空间的最前部位，表现的是强对比，因此需要这种锐化的效果。对植物、天空以及水面倒影等的质感进行深入表现。

知识延伸

什么是柔化？

在画面图像的处理中，与锐化相反，柔化是使图片看起来更柔滑，其实也是模糊的委婉的说法。

想一想

如图3-23~图3-29，日本东京商业区色彩稿表现、日本濑户大桥沿江建筑群色彩稿表现、国家森林公园色彩稿表现、乡间采风色彩稿表现、公园中央花坛色彩稿表现、英国城堡建筑色彩稿表现、江南水乡民居色彩稿表现中，具体局部的处理还需要注意哪些问题？

图3-22 中、远场景树木的细部绘制与景观整体调整

1. 人物的处理要注意近大远小、近实远虚。
2. 灯箱也要注意透视关系，以及色彩的明暗关系。
3. 线条处理疏密得当。

图3-23 日本东京商业区色彩稿表现
鸭舌自动笔、马克笔（靖琳玉）
指导教师 孙琪

图3-24 日本濑户大桥沿江建筑群色彩稿表现 鸭舌自动笔、马克笔、彩铅（韩娇）
指导教师 孙琪

❶ 远处的建筑彩色做虚化处理,与近处的大桥做到色彩虚实对比。

❷ 水域的表达有梵高油画的即视感，马克笔与彩色铅笔的结合运用使得整个画面丰富多彩。

❸ 用彩色铅笔来表达天空，考虑到了色彩由暖到冷的色彩渐变。

❹ 大桥的处理很好地注意到了线条的疏密。

图3-25 国家森林公园色彩稿表现 钢笔、马克笔（靖琳玉）
指导教师 孙琪

1. 动态的水占据画面大部分，留白、透底是表现水景的主要技巧，以深浅的关系巧妙衬托出水面的丰富形态。
2. 对于远处的绿色植物用大笔触来表达，考虑到了近实远虚的空间表达。
3. 绿植的处理要注意疏密结合。

①
②
③

① 近处的花草选用暖绿色，远处的则是冷色调，这使得整个画面中的色彩保持平衡与层次的对比。

② 篱笆的处理也要注意透视关系。

③ 墙面处理虚实得当，疏密结合。

④ 红色的点缀使得画面生动活泼。

⑤ 砖瓦线条处理要注意建筑结构。

图3-26 乡间采风色彩稿表现 钢笔、马克笔（靖琳玉）
指导教师 孙琪

图3-27 公园中央花坛色彩稿表现 钢笔、马克笔（靖琳玉）
指导教师 孙琪

① 蓝天处理简洁,一笔概括。

② 对绿篱的明暗关系表达到位，选用不同的绿色，在笔触上也是顺应物体的走向，着色上注意了疏密变化，近处的留白处理使整个绿篱有透气性。

③ 绿植处理前实后虚。

图3-28 英国城堡建筑色彩稿表现 钢笔、马克笔（靖琳玉）
指导教师 孙琪

① 蓝天作为背景色的出现很恰当，同样的马克笔在蓝天和水域的表达上采用不同的笔触，使得整个空间丰富多彩。

② 主体建筑物的暗面线条运用较好，顺着主体物的结构走线条，使得整个主体表现丰富。

③ 要注意倒影和建筑物本体的处理。

④ 对于前后绿色植物选用不同色调来表达，考虑到了明暗关系和远近透视关系。

图3-29 江南水乡民居色彩稿表现 钢笔、马克笔（孟祥北）
指导教师 孙琪

❶ 对于背景植物的表达要弱化，以衬托出主题建筑。

❷ 屋顶的刻画细致，色彩丰富，考虑到了明暗变化。

❸ 暗部处理与亮部处理要注意线条的疏密。

❹ 马克笔表达光感到位，使得整个空间灵动、有层次。

做一做

运用线稿绘制技法，临摹（易）或创新（难）绘制一幅建筑园林景观场景的线稿图。

勒·柯布西耶

勒·柯布西耶（法文：Le Corbusier），法国建筑师、城市规划师、作家、画家，是20世纪最重要的建筑师之一，是现代建筑运动的激进分子和主将，被称为“现代建筑的旗手”，是功能主义建筑的泰斗，被称为“功能主义之父”。

勒·柯布西耶是一名想象力丰富的建筑师，他对理想城市的诠释、对自然环境的领悟以及对传统的强烈信仰和崇敬都相当别具一格。作为一名具有国际影响力的建筑师和城市规划师，他是善于应用大众风格的稀有人才——他能将时尚的滚动元素与粗略、精致等因子进行完美的结合。

他用格子、立方体进行设计，还经常用简单的几何图形、一般的方形、圆形以及三角形等图形建成看似简单的模式。作为一名艺术家，勒·柯布西耶懂得控制体积、表面以及轮廓的重要性，他所创造的大量抽象的雕刻图样也体现了这一点。因此，在勒·柯布西耶的设计中，通过大量的图样以产生一种栩栩如生的视觉效应占据了支配地位，而其建筑模式转化为建筑实物的情况如同艺术家在陶土的模子上进行雕刻和削减一样。通过精心的设计，在明暗光线的对比下，他成功地将有限的空间最大化，并能产生良好的视觉效应。

他主张用传统的模式来为现代建筑提供模板。传统一直是他真正的主导者，

柯布西耶代表作品萨伏伊别墅

因此，由勒·柯布西耶设计的建筑不止从2、3 种角度，而是从4 种角度考虑的，但后来他对自然界的领悟使其风格逐渐发生了变化。自然是美妙的，那新鲜的空气、明媚的阳光，还有来自大自然的清新和美丽，使勒·柯布西耶感觉到需要建立一种全新的风格去适应当今机器时代的发展。在所有的建筑都作为“机器时代的机器”时，人们也开始重视房屋的基本功能。他的目标是：在机器社会里，应该根据自然资源和土地情况重新进行规划和建设，其中要考虑到阳光、空间和绿色植被等问题。

勒·柯布西耶提出了他的五个建筑学新观点（一些人将其比作五个古典的柱型），其思想于1926年公布于众。这些观点包括：底层架空柱、屋顶花园、自由平面、自由立面以及横向长窗。人们将这个建筑时代比作为机器时代，勒·柯布西耶是这个时代最具影响力的建筑师，同时，也是一位著名的社会改良主义者。在考察整个城市中的伟大建筑、宽敞的空间、树木和雕像等方面时，他都充满了激情。他丰富多变的作品和充满激情的建筑哲学深刻地影响了20世纪的城市面貌和当代人的生活方式，从早年的白色系列的别墅建筑、马塞公寓到朗香教堂，从巴黎改建规划到加尔新城，从《走向新建筑》到《模度》，他不断变化的建筑与城市思想始终将他的追随者远远地抛在身后。柯布西耶是现代建筑一座无法逾越的高峰，一个取之不尽的建筑思想的源泉。

Project 4

项目4 手绘效果图表现综合实训

任务4.1 室内家居空间手绘项目实训

任务目标

通过本实训，掌握以下训练目标：

□ 掌握并熟练绘制室内家居空间效果图表现线稿。

□ 掌握并熟练绘制室内家居空间效果图表现上色效果图。

任务描述

任务内容

在训练中根据室内家居空间的照片进行效果表现与处理技法的实施。

实施条件

画板、100gA3复印纸、2B自动鸭舌铅笔、签字笔、钢笔、油性马克笔、水溶彩铅、直尺、三角板。

图4-1 室内家居空间手绘项目实训照片1 （拍摄 佚名

图4-2 室内家居空间手绘项目实训照片2 （拍摄 佚名）

图4-3 室内家居空间手绘项目实训照片3 （拍摄 佚名）

图4-4 室内家居空间手绘项目实训照片4
（拍摄 佚名）

图4-5 室内家居空间手绘项目实训照片5
（拍摄 佚名）

图4-6 室内家居空间手绘项目实训照片6 （拍摄 佚名）

图4-7 室内家居空间手绘项目实训照片7 （拍摄 佚名）

任务4.2 室外建筑物手绘项目实训

任务目标

通过本实训，掌握以下训练目标：

☐ 掌握并熟练绘制室外建筑效果图表现线稿。

☐ 掌握并熟练绘制室外建筑效果图表现上色效果图。

任务描述

任务内容

在训练中根据室外建筑物的照片进行效果表现与处理技法的实施。

实施条件

画板、100gA3复印纸、2B自动鸭舌铅笔、签字笔、钢笔、油性马克笔、水溶彩铅、直尺、三角板。

图4-8 室外建筑物手绘项目实训照片1 （拍摄 佚名）

图4-9 室外建筑物手绘项目实训照片2 （拍摄 佚名）

图4-10 室外建筑物手绘项目实训照片3 （拍摄 佚名）

图4-11 室外建筑物手绘项目实训照片4 （拍摄 佚名）

图4-12 室外建筑物手绘项目实训照片5 （拍摄 佚名）

EQUITABLE
TICKETS
World of Coca-Cola
121

任务4.3 园林景观手绘项目实训

任务目标

通过本实训，掌握以下训练目标：

□ 掌握并熟练绘制园林景观效果图表现线稿。

□ 掌握并熟练绘制园林景观效果图表现上色效果图。

任务描述

任务内容

在训练中根据园林景观的照片进行效果表现与处理技法的实施。

实施条件

画板、100gA3复印纸、2B自动鸭舌铅笔、签字笔、钢笔、油性马克笔、水溶彩铅、直尺、三角板。

图4-15 园林景观手绘项目实训照片1 （拍摄 佚

图4-16 园林景观手绘项目实训照片2 （拍摄 佚名）

图4-17 园林景观手绘项目实训照片3 （拍摄 佚名）

图4-18 园林景观手绘项目实训照片4 （拍摄 佚名）

图4-19 园林景观手绘项目实训照片5 （拍摄 佚名）

图4-20 园林景观手绘项目实训照片6 （拍摄 佚名）

图4-24 园林景观手绘表现写实照片7（拍摄：佚名）

瓦尔特·格罗皮乌斯

瓦尔特·格罗皮乌斯（Walter Gropius）1883年5月18日生于德国柏林，1969年7月5日卒于美国波士顿。格罗皮乌斯是德国现代建筑师和建筑教育家，是现代主义建筑学派的倡导人和奠基人之一，是公立包豪斯（BAUHAUS）学校的创办人。格罗皮乌斯积极提倡建筑设计与工艺的统一，艺术与技术的结合，讲究功能、技术和经济效益。1945年同他人合作创办协和建筑师事务所，发展成为美国最大的以建筑师为主的设计事务所。第二次世界大战后，他的建筑理论和实践为各国建筑界所推崇。

格罗皮乌斯是德裔美国建筑师，原籍德国，父亲和叔父都是著名的建筑师。格罗皮乌斯从小就受到潜移默化的影响。1903~1907年就读于慕尼黑工学院和柏林夏洛滕堡工学院。1907~1910年在柏林建筑师P. 贝伦斯的建筑事务所任职。1910~1914年自己开业，同A. 迈耶合作设计了他的两座成名作:“法古斯鞋楦厂”和1914年在科隆展览会展出的“示范工厂”和“办公楼”。格罗皮乌斯是建筑师中最早主张走建筑工业化道路的人之一。他认为现代建筑师要创造自己的美学章法，通过精确的不含糊的形式，清新的对比，各种部件之间的秩序，形体和色彩的匀称与统一来创造自己的美学章法。这是社会的力量与经济所需要的。

1915年格罗皮乌斯开始在魏玛实用美术学校任教，1919年任校长，当时正

格罗皮乌斯代表作包豪斯校舍

值第一次世界大战结束，他将实用美术学校和魏玛美术学院合并成为专门培养建筑和工业日用品设计人才的学校，即公立包豪斯学校。

1937年格罗皮乌斯应邀到美国哈佛大学设计研究院任教授和建筑学系主任，从此居留美国，在美国主要进行建筑教育活动。1945 年他邀请了一些知名建筑家，共同组织了TAC—— 建筑师合作协会。这个机构的作品有纽约泛美航空公司大厦（1958 年）、巴的摩尔的 Oheb Shalom 教堂等。第二次世界大战后，他的建筑理论和实践为各国建筑界所推崇，此外他对玻璃幕墙的构造有着重要的贡献。

欧洲的建筑结构与造型复杂而华丽，尖塔、廊柱、窗洞、拱顶，无论是哥特式的式样还是维多利亚的风格，强调艺术感染力的理念使其深刻体现着宗教神话对世俗生活的影响，这样的建筑是无法适应工业化大批量生产的。格罗皮乌斯针对此提出了他崭新的设计要求：既是艺术的又是科学的，既是设计的又是实用的，同时还能够在工厂的流水线上大批量生产制造。为此，与传统学校不同，在格罗皮乌斯的学校里，学生们不但要学习设计、造型、材料，还要学习绘图、构图、制作，于是，学校里拥有着一系列的生产车间：木工车间、砖石车间、钢材车间、陶瓷车间等，学校里没有“老师”和“学生”的称谓，师生彼此称“师傅”和“徒弟”。

格罗皮乌斯引导学生如何认识周围的一切：颜色、形状、大小、纹理、质量；他教导学生如何既能符合实用的标准，又能独特地表达设计者的思想；他还告诉学生如何在一定的形状和轮廓里使一座房屋或一件器具的功用得到最大的发挥。

Project 5

项目5 名师马克笔手绘效果图作品赏析

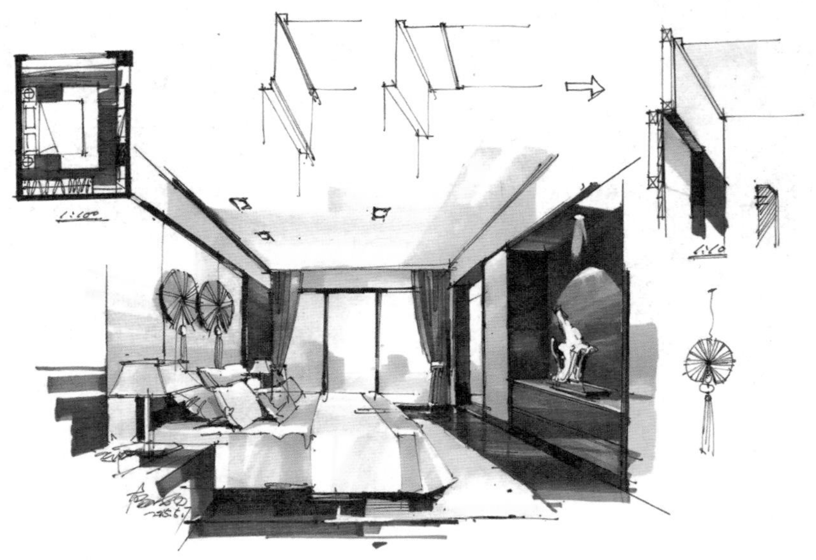

5.1 建筑与庭院空间设计手绘表现赏析

作者 杨风雨（材料：钢笔、马克笔）

作者 杨风雨（材料：钢笔、马克笔）

5.2 客厅空间设计手绘表现赏析

作者 杨风雨（材料：钢笔、马克笔）

作者 杨风雨（材料：钢笔、马克笔）

作者 杨风雨（材料：钢笔、马克笔）

作者 杨风雨（材料：钢笔、马克笔）

作者 杨风雨（材料：钢笔、马克笔）

作者 杨风雨（材料：钢笔、马克笔）

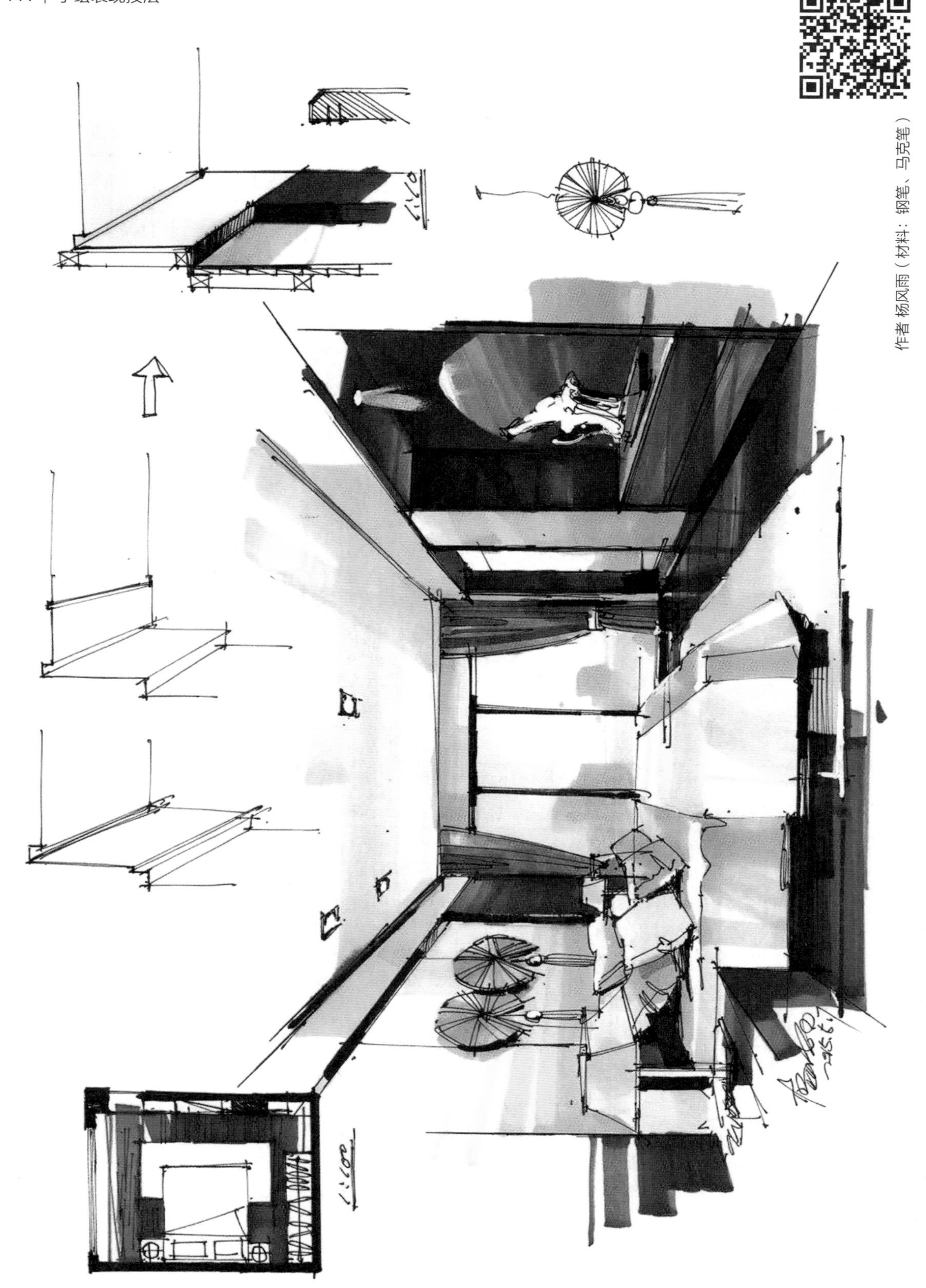

作者 杨风雨（材料：钢笔、马克笔）

作者 杨风雨（材料：钢笔、马克笔）

5.5 餐饮空间设计手绘表现赏析

作者 杨风雨（材料：钢笔、马克笔）

作者 杨风雨（材料：钢笔、马克笔）

作者 杨风雨（材料：钢笔、马克笔）

作者 杨风雨（材料：钢笔、马克笔）

作者 杨风雨（材料：钢笔、马克笔）

作者 杨风雨（材料：钢笔、马克笔）

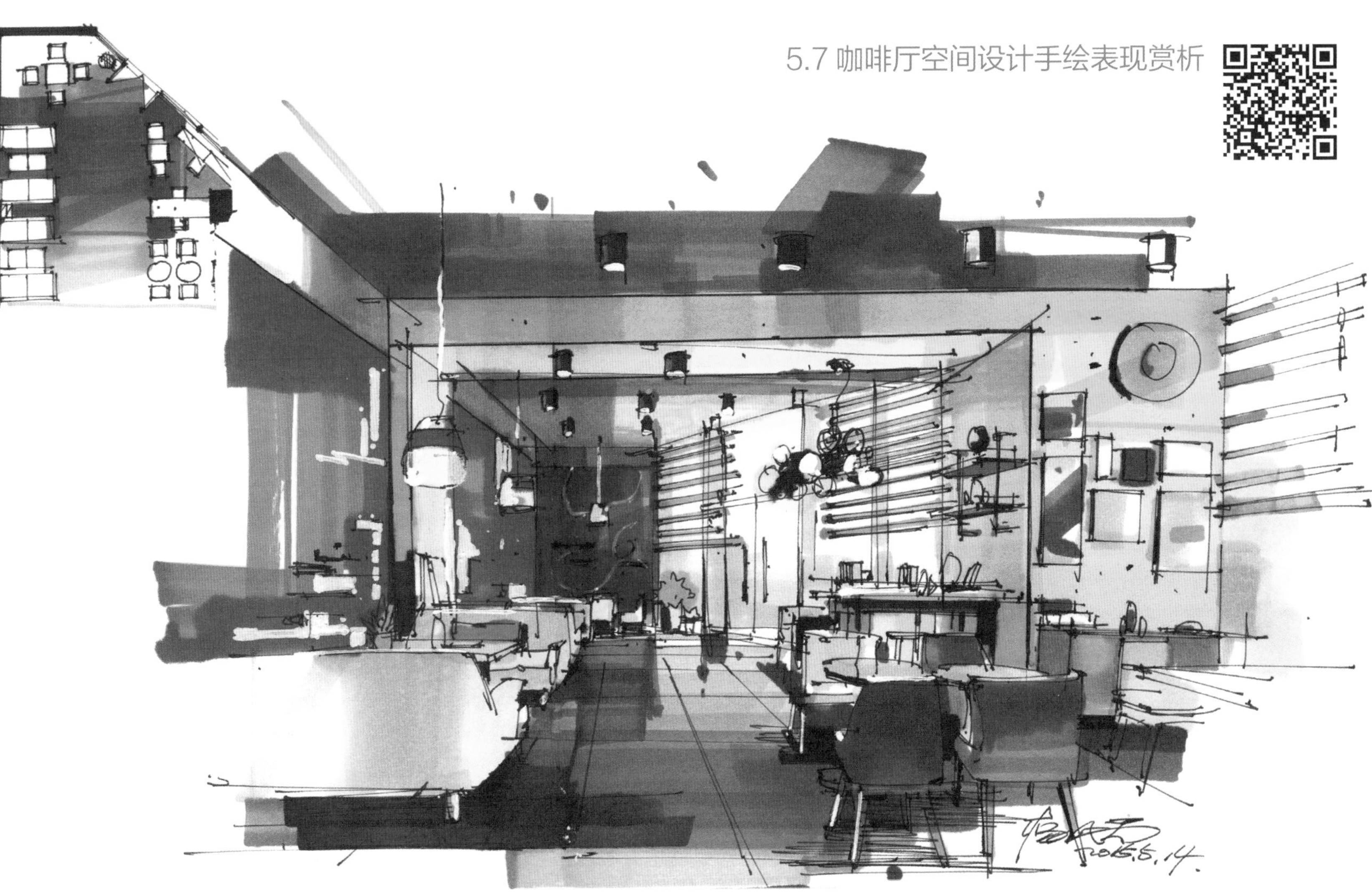

作者 杨风雨（材料：钢笔、马克笔）

5.8 别墅建筑空间设计手绘表现赏析

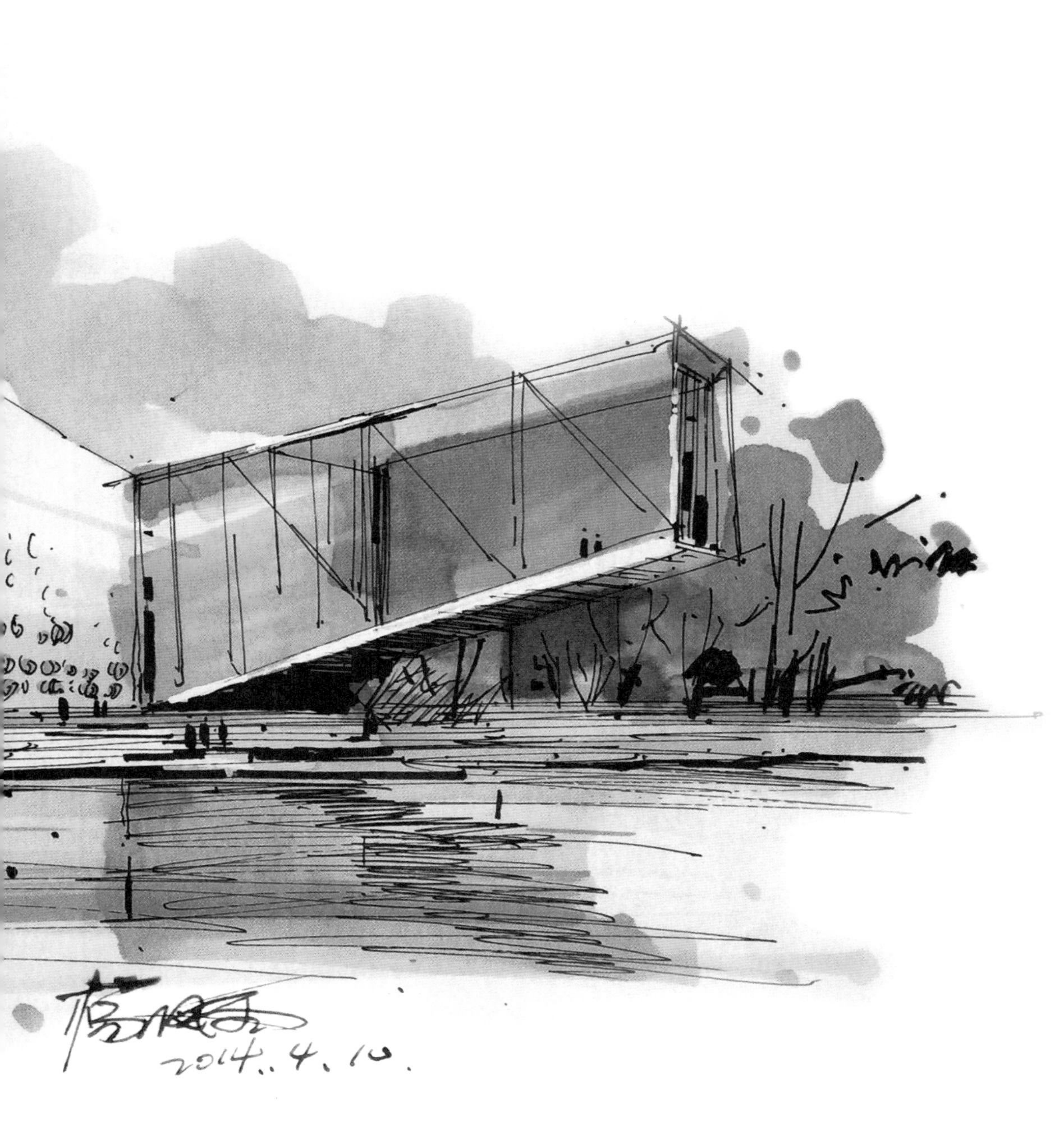

作者 杨风雨（材料：钢笔、马克笔）

5.9 时装店空间设计手绘表现赏析

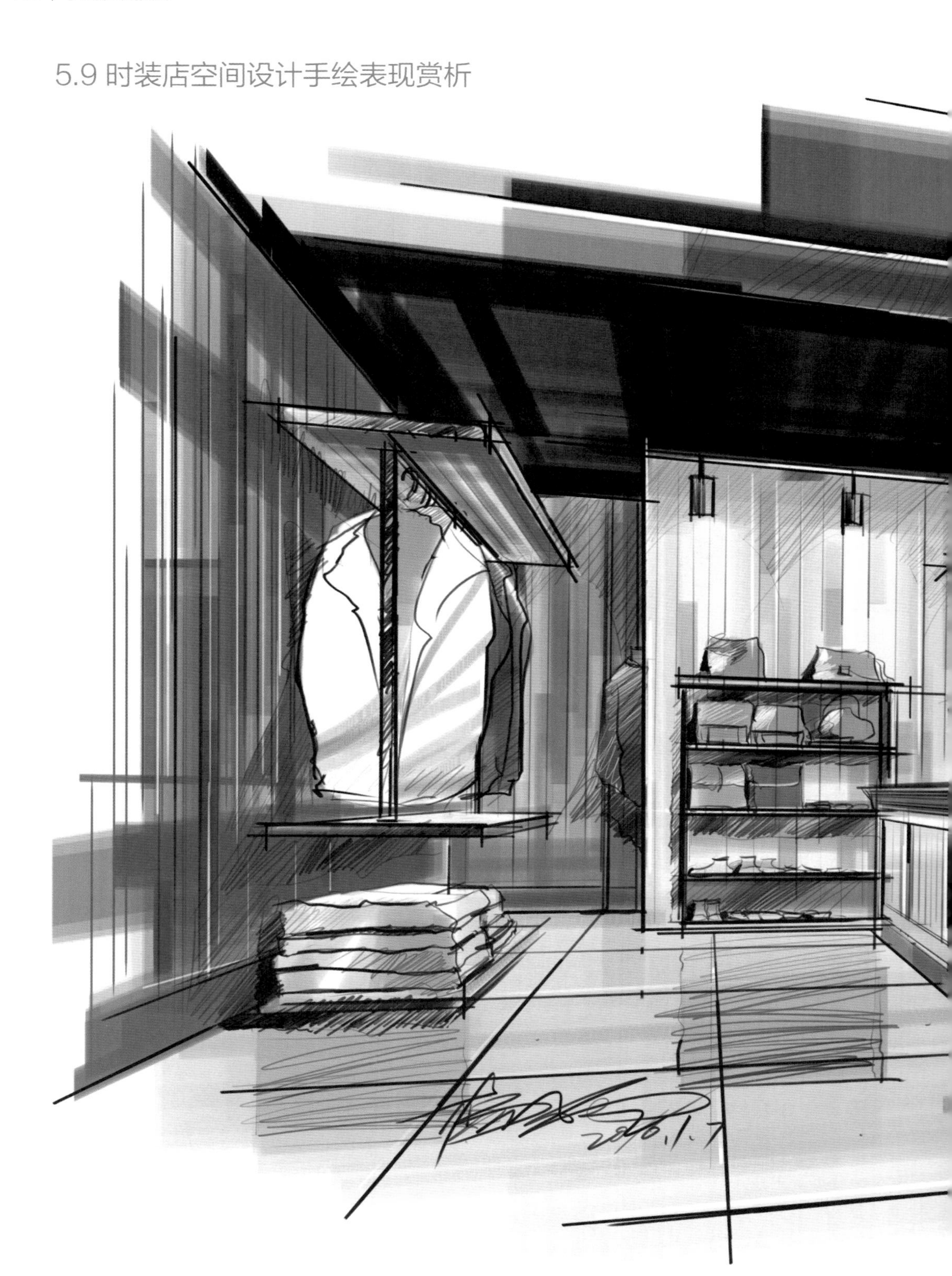

作者 杨风雨（材料：钢笔、马克笔）

5.10 茶室空间设计手绘表现赏析

作者 杨风雨（材料：钢笔、马克笔）

5.11 手绘空间设计快题表现赏析

作者 杨风雨（材料：钢笔、马克笔）

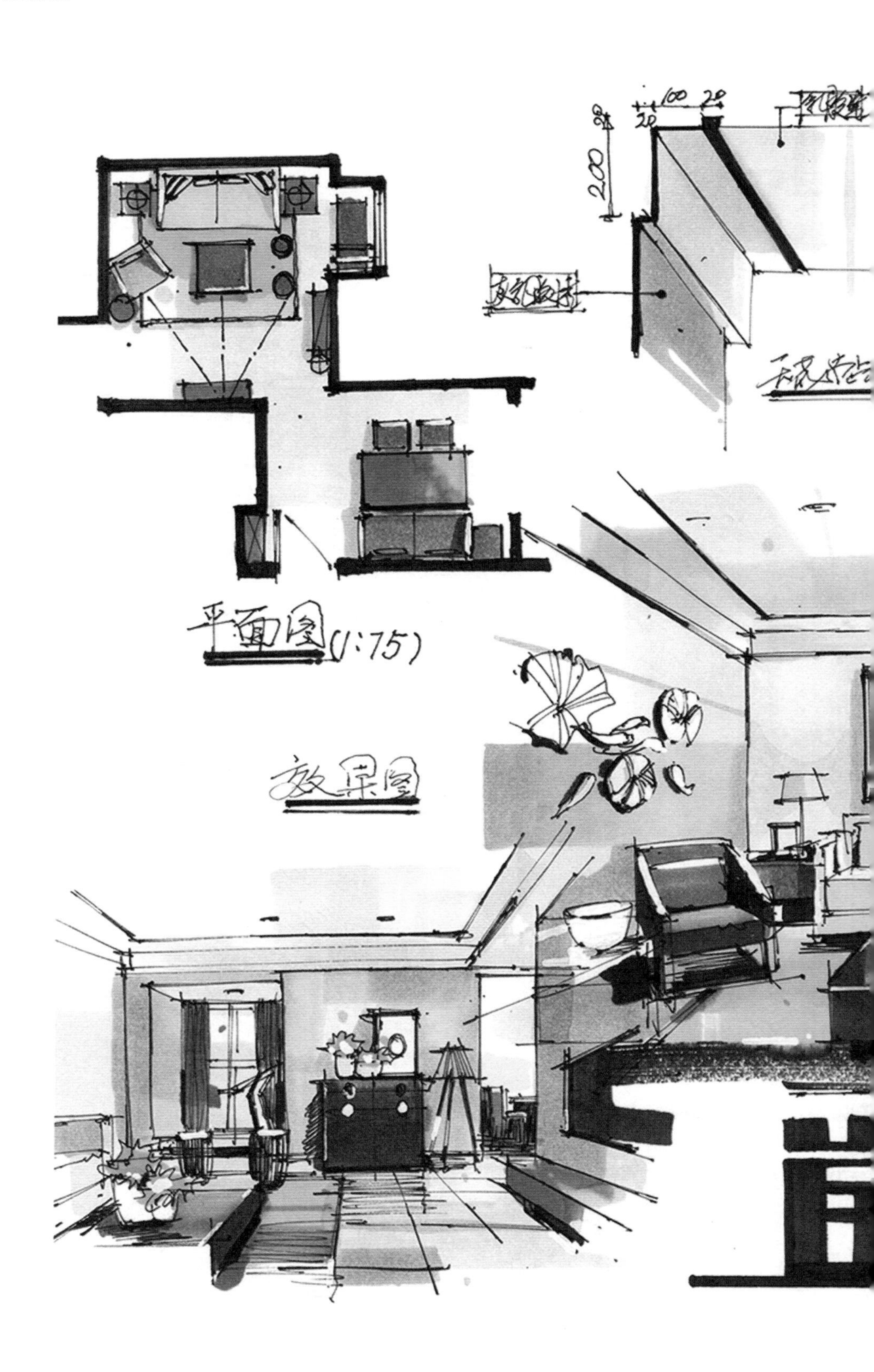
平面图(1:75)
效果图
2200
100
20

作者 杨风雨（材料：钢笔、马克笔）

贝聿铭

贝聿铭，1917年4月26日出生于中国广州，祖籍苏州，美籍华人建筑师，他被誉为“现代建筑的最后大师”。贝聿铭曾先后在麻省理工学院和哈佛大学就读建筑学。贝聿铭作品以公共建筑、文教建筑为主，被归类为现代主义建筑，善用钢材、混凝土、玻璃与石材。

贝聿铭代表作品有美国华盛顿国家艺术馆东馆、法国巴黎罗浮宫扩建工程、中国香港中国银行大厦、苏州博物馆，近期作品有卡达杜哈伊斯兰艺术博物馆。

香港中银大厦

贝聿铭的童年和少年时期是在风景如画的苏州和高楼林立的上海度过的，从小立志要当一名建筑师。1935年贝聿铭远赴美国留学，先后在麻省理工学院和哈佛大学学习建筑；1939年贝聿铭以优异的成绩毕业，还得了美国建筑师协会的奖项。第二次世界大战爆发后，他在美国空军服役三年，1944年贝聿铭退役，进入哈佛大学攻读硕士学位；1945年，贝聿铭留校受聘为设计研究所助理教授。1960年，贝聿铭自立门户，成立了自己的建筑公司。

贝聿铭在建筑设计中最为人们称道的，是关心平民的利益。他在纽约、费城、克利夫兰和芝加哥等地设计了许多既有建筑美感又经济实用的大众化的公寓。他在费城设计的三层社会公寓就很受工薪阶层的欢迎。因此，费城莱斯大学在1963 年颁赠他“人民建筑师”的光荣称号。同年，美国建筑学会向他颁发了纽约荣誉奖。《华盛顿邮报》称他的建筑设计是真正为人民服务的都市计划。在他的建筑公司业务蒸蒸日上之际，他设计的主力逐渐从都市改建和重建计划逐步转移到巨型公共建筑物的设计上。20世纪60年代建于科罗拉多州高山上的“全国大气层研究中心”可以说是贝聿铭从事公共建筑物设计的开始，它始建于1961 年，1967 年落成。其外形简朴浑厚，塔楼式的屋顶使建筑物本身像巍峨的山峰，与周围的环境色彩相调和。美国《新闻周刊》曾刊登它的照片，称贝聿铭的设计是“突

卢浮宫玻璃金字塔

破性的设计”。

在贝聿铭早期的作品中有密斯的影子，不过他不像密斯以玻璃为主要建材，贝聿铭采用混凝土，如纽约富兰克林国家银行、镇心广场住宅区、夏威夷东西文化中心。到了中期，历练并累积了多年的经验，贝聿铭充分掌握了混凝土的性质，作品趋向于柯比意式的雕塑感，其中全国大气研究中心、达拉斯市政厅等皆属此方面的经典之作。贝聿铭摆脱密斯风格当属肯尼迪纪念图书馆为滥觞，几何形的平面取代规规矩矩的方盒子，蜕变出雕塑性的造型。后来贝聿铭身为齐氏威奈公司专属建筑师，从事大尺度的都市建设案，并从这些开发案获得对土地使用的宝贵经验，使得他的建筑

苏州博物馆

设计不单考虑建筑物本身，更关切环境提升到都市设计的层面，着重创造社区意识与社区空间，其中最脍炙人口的当属费城社会岭住宅社区一案，而他们所接受的案子以办公大楼与集合住宅为主，贝聿铭后来取得齐氏集团的协议于1955 年将建筑部门改组为贝聿铭建筑师事务所开始独立执业，事务所共从事过114 件设计案，其中66 件是贝聿铭负责。

建筑融合自然的空间观念，主导着贝聿铭一生的作品，如全国大气研究中心、伊弗森美术馆、狄莫伊艺术中心雕塑馆与康乃尔大学姜森美术馆等。这些作品的共同点是内庭，内庭将内外空间串连，使自然融于建筑。到晚期，内庭依然是贝聿铭作品不可或缺的元素之一，在手法上更着重自然光的投入，使内庭成为光庭，如北京香山饭店的常春厅、纽约阿孟科IBM 公司的入口大厅、香港中国银行大厦的中庭、纽约赛奈医院古根汉馆、巴黎卢浮宫的玻璃金字塔与比华利山庄创意艺人经济中心等。光与空间的结合，使得空间变化万端，“让光线来作设计”是贝氏的名言。

身为现代主义建筑大师，贝聿铭的建筑物四十余年来始终秉持着现代建筑的传统，贝聿铭坚信建筑不是流行风尚，不可能时刻变化招取宠，建筑是千秋大业，要对社会历史负责。他持续地对形

约翰·肯尼迪图书馆

华盛顿国家艺术馆东馆

式、空间、建材与技术进行研究探讨，使作品更多样性，更优秀。他从不为自己的设计辩说，从不自己执笔阐释解析作品观念，他认为建筑物本身就是最佳的宣言。综合贝聿铭个人所获得的重要奖项，包括1979 年美国建筑学会金奖、1981 年法国建筑学金奖、1989 年日本帝赏奖、1983 年第五届普利兹克奖，以及里根总统颁予的自由奖章等。

建筑界人士普遍认为贝聿铭的建筑设计有三个特色：一是建筑造型与所处环境自然融合，二是空间处理独具匠心，三是建筑材料考究和建筑内部设计精巧。这些特色在“东馆”的设计中得到了充分的体现。纵观贝聿铭的作品，他为产业革命以来的现代都市增添了光辉，可以说与时代步伐一致。到了1988年，贝聿铭决定不再接受大规模的建筑工程设计，而是慎重地选择小规模的建筑，他所设计的建筑高度也越来越低，也就是说越来越接近于地平线，其认为这是向自然的回归。美秀美术馆更明显地显示了晚年的贝聿铭对东方意境，特别是故乡那遥远的风景——中国山水理想风景画的憧憬，这件作品标志着贝聿铭在漫长的建筑生涯中一个新的里程。

Appendix

附录

附录A 手绘表现技法（项目）技能考核试题

附录B 手绘表现技法（项目）课程标准

附录C 手绘表现技法（项目）任务学习单与评价单

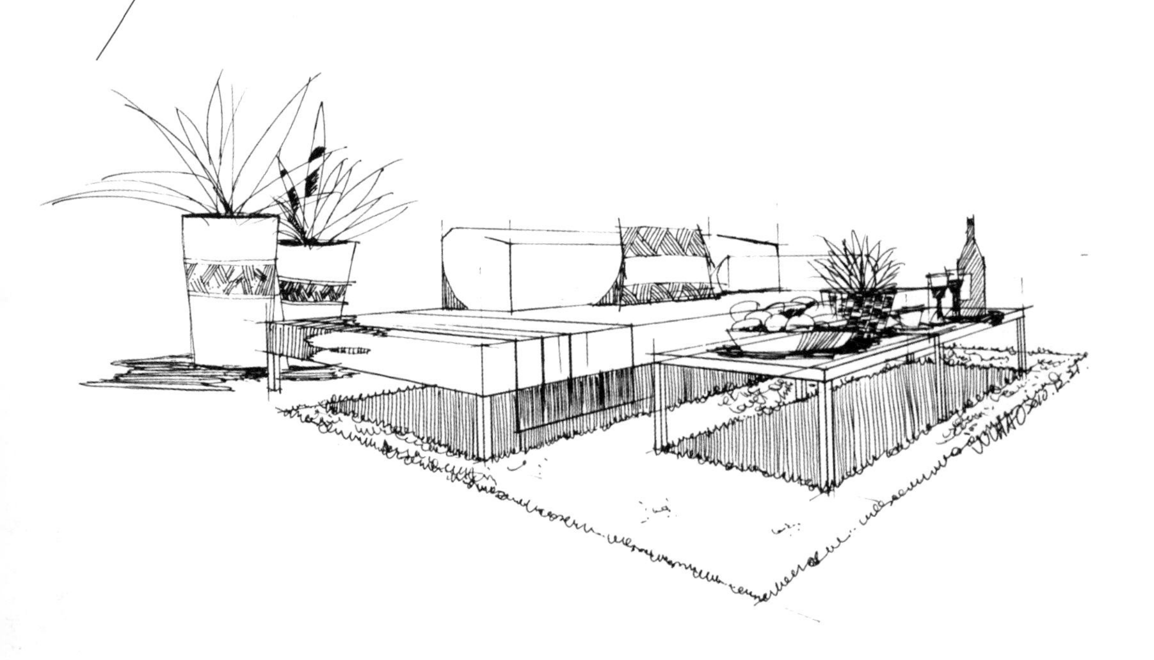

附录A 手绘表现技法（项目）技能考核试题

适用专业：

艺术设计、环境艺术设计、室内艺术设计、建筑设计、风景园林设计

试题说明：

本试卷满分共计100分，考试时间180分钟（4课时）。

操作要求：

1. 能够根据图片采用合理的透视关系与比例尺寸进行完整地构图，要求空间画面组织合理，结构完整，能够根据创作进行自由取舍。（30分）

2. 能够运用铅笔或钢笔完成线稿的提取与造型表现，技法纯熟。（30分）

3. 能够正确地运用马克笔，笔触技法与画面有机融合，色调统一。（30分）

4. 能够进行高光的后续提取与处理。（5分）

5. 画面整洁干净。（5分）

附录B 手绘表现技法（项目）课程标准

一、课程性质与任务

手绘表现技法这门课程是建筑室内设计专业的基础课程之一，注重学生的技能和技术的训练。手绘表现技法从手绘工具、绘画材料、手绘表现的基础技法入手，图文并茂地讲解了手绘表现的重点内容，逐一对手绘技法表现过程中的难点进行分步解析，整合了多种手绘表现技法案例，并进行了深入详细地讲解。对于环境艺术设计、室内艺术设计、建筑设计、风景园林设计等相关专业的学生来讲，手绘表现形式能够有效地促进设计思维的拓展及设计语言的形成，在专业课教学中起着承上启下的重要作用。

二、课程教学目标

1. 知识目标

通过本课程的学习，使学生了解手绘表现技法的种类；掌握铅笔、钢笔、马克笔、彩铅等表现工具的性能；熟悉不同材料质感的表现技巧；通过简易透视学的学习更好地掌握手绘效果图的制图步骤。

2. 社会能力及方法能力目标

通过本课程的学习，培养学生良好的沟通能力及团队协作精神，培养学生具备分析问题、解决问题的能力，培养学生严谨的工作作风、实事求是的工作态度，使学生具备诚实守信、善于沟通和合作的优良品质。通过“理论—实训—设计”教学模式的实施，掌握手绘表现的整个流程，锻炼学生的综合素质，提高手绘表现的能力与效率。

3. 素质目标

热爱祖国，热爱中国共产党，拥护党的基本路线和改革开放政策。具有正确的世界观、人生观、价值观，遵纪守法，为人诚实、正直、谦虚、谨慎，具有良好的职业道德和公共道德。通过本课程的学习，培养学生具备一定的洞悉设计的敏感性和创新能力，能自主学习、独立分析问题和解决问题；具有严谨的工作态度和团队协作精神，具有较好的逻辑思维、创新能力和较强的计划、组织和协调能力以及认真、细致、严谨的职业能力。

三、参考学时

建议56学时（最多64学时）

四、课程学分

建议3.5学分（最多4学分）

五、课程内容和要求

（一）教学内容

	知识模块	主要任务点（实施步骤）
教学内容	1. 手绘效果图表现基础	1.1手绘设计造型概述;1.2简易透视基础探究; 1.3手绘用线技法与单体线稿; 1.4马克笔用笔技法与单体上色
	1.1手绘设计造型概述	1.1.1美术的相关知识；1.1.2 手绘造型基础常识 1.1.3 手绘工具材料及其性能；1.1.4 手绘表现简述
	1.2简易透视基础探究	1.2.1 透视的形成；1.2.2 透视的分类
	1.3手绘用线技法与单体线稿	1.3.1手绘用线技法；1.3.2钢笔画表现技法； 1.3.3 单体线稿分步绘制
	1.4马克笔用笔技法与单体上色	1.4.1马克笔表现技巧； 1.4.2单体上色技法；1.4.3组合上色技法
	2. 室内外手绘造型线稿绘制	2.1 室内家居空间手绘线稿分步绘制； 2.2 室外建筑物手绘线稿分步绘制； 2.3 园林景观手绘线稿分步绘制
	2.1 室内家居空间手绘线稿分步绘制	2.1.1 一点透视分析；2.1.2 主要家具与构造物的外轮廓绘制； 2.1.3 大家具造型细部绘制；2.1.4 整体调整与局部绘制
	2.2 室外建筑物手绘线稿分步绘制	2.2.1 两点透视分析；2.2.2 建筑物结构造型与外轮廓绘制； 2.2.3 整体调整与局部绘制
	2.3 园林景观手绘线稿分步绘制	2.3.1 透视分析；2.3.2 主要桥体部分的绘制； 2.3.3 中、远场景树木的细部绘制；2.3.4 整体调整与局部绘制
	3. 室内外手绘造型上色绘制	3.1 室内家居空间手绘上色稿分步绘制； 3.2 室外建筑物手绘上色稿分步绘制；3.3 园林景观手绘上色稿分步绘制
	3.1 室内家居空间手绘上色稿分步绘制	3.1.1 室内空间冷暖色调的处理；3.1.2 主要墙面与构造物的上色绘制； 3.1.3 整体色调调整与局部刻画
	3.2 室外建筑物手绘上色稿分步绘制	3.2.1 室外建筑冷暖色调的处理； 3.2.2 建筑物结构造型与外轮廓绘制；3.2.3 整体调整与局部绘制
	3.3 园林景观手绘上色稿分步绘制	3.3.1 画面基础色调的上色绘制；3.3.2 主要桥体部分的绘制； 3.3.3 中、远场景树木的细部绘制与景观整体调整
	4. 手绘效果图表现综合实训	4.1 室内家居空间手绘项目实训； 4.2 室外建筑物手绘项目实训； 4.3 园林景观手绘项目实训
	5. 名师马克笔手绘效果图作品赏析	5.1 建筑与庭院空间设计手绘表现赏析;5.2 客厅空间设计手绘表现赏析; 5.3 卧室空间设计手绘表现赏析;5.4 廊厅空间设计手绘表现赏析; 5.5 餐饮空间设计手绘表现赏析;5.6 酒店空间设计手绘表现赏析; 5.7 咖啡厅空间设计手绘表现赏析;5.8 别墅建筑空间设计手绘表现赏析; 5.9 时装店空间设计手绘表现赏析;5.10 茶室空间设计手绘表现赏析; 5.11 手绘空间设计快题表现赏析

（二）教学项目设计

序号	教学项目	教学内容要求	教学活动实施（设计）建议	参考课时	涵盖知识点编号
1	手绘设计造型概述	掌握手绘设计造型的基础知识，为后期的学习做好准备	学生在教师引导下完成下列活动： 1.采用百度查询法或资料查询法鼓励学生探索什么是美术，与手绘表现有什么样的关系。 2.采用回忆法或资料查询法鼓励学生探索手绘造型的相关知识有哪些。 3.采用小组讨论法鼓励学生讨论绘制一幅完整的效果图需要运用哪些手绘造型技法。	2	1.1.1 1.1.2 1.1.3 1.1.4
2	简易透视基础探究	在掌握手绘设计造型的基础上，学会透视在线稿绘制中的应用	学生在教师引导下完成下列活动： 1.采用资料查询法引导学生思考什么是透视。 2.采用回忆法或资料查询法引导小组学生探讨透视产生的原因是什么。 3.采用小组讨论法让小组学生探究透视的基本术语都有哪一些。	2	1.2.1 1.2.2
3	手绘用线技法与单体线稿	在掌握透视基本原理的基础上，学会线稿绘制在实际中的应用	学生在教师引导下完成下列活动： 1.采用观察法引导学生思考手绘用线的表现特征是什么。 2.采用资料查询法引导学生探讨钢笔画手绘用线的方法有哪几种，其表现技法是怎样的。 3.采用小组讨论法让小组学生探究绘制单体线稿图需要运用哪些单体线稿绘制的步骤和技法。	2	1.3.1 1.3.2 1.3.3
4	马克笔用笔技法与单体上色	在掌握手绘线稿绘制的基础上，学会马克笔上色绘制在实际中的应用	学生在教师引导下完成下列活动： 1.采用观察法引导学生思考马克笔用笔的表现绘制技法有哪几种。 2.采用资料查询法引导学生探讨单体上色的技法是怎样实施的。 3.采用小组讨论法让小组学生探究组合体上色的技法是怎样实施的。	2	1.4.1 1.4.2 1.4.3
5	室内家居空间手绘线稿分步绘制	在掌握单体线稿绘制的基础上，进一步熟悉线条绘制技法。通过学习室内装饰场景绘制过程中碰到的实际案例项目和问题，学会绘制一点透视（平行透视）画面和线稿效果图	学生在教师引导下完成下列活动： 1.采用回忆法或资料查询法引导学生思考什么是一点透视（平行透视）。 2.采用回忆法或资料查询法引导小组学生探讨室内综合线稿绘制会用到前面学习的单体线稿绘制中哪些知识点。 3.采用小组讨论法让小组学生探究绘制一幅完整的室内装饰线稿需要经过怎样的绘画步骤。	6	2.1.1 2.1.2 2.1.3 2.1.4
6	室外建筑物手绘线稿分步绘制	在掌握室外单体线稿绘制的基础上，进一步熟悉室外建筑场景中线条绘制技法。通过学习室外建筑场景绘制过程中碰到的实际案例项目和问题，学会处理画面透视与对比方案	学生在教师引导下完成下列活动： 1.采用百度查询法或联想回忆法引导小组学生思考什么是两点透视（成角透视）。 2.采用回忆法或资料查询法引导小组学生思考室外建筑综合线稿绘制运用了与前一任务中哪些相同的知识点。 3.采用联想法、观察法、小组讨论法引导学生思考绘制室外建筑线稿需要经过怎样的绘画步骤，与室内有哪些不同。 4. 采用观察法、 小组讨论法、小组间竞争抢答法引导学生自主思考在想一想（具体问题具体分析）环节中还可以学到哪些技法。	6（最多8课时）	2.2.1 2.2.2 2.2.3

（续）

序号	教学项目	教学内容要求	教学活动实施（设计）建议	参考课时	涵盖知识点编号
7	园林景观手绘线稿分步绘制	在掌握单体植物、室外小品的线稿绘制的基础上，进一步熟悉景观场景中线条绘制技法。通过学习建筑园林景观场景绘制过程中碰到的实际案例项目和问题，学会处理画面透视与对比关系以及线条疏密关系	学生在教师引导下完成下列活动: 1.采用百度查询法或资料查询法引导小组学生思考在绘制园林景观线稿效果图时什么时候用两点透视（成角透视），什么时候只采用近大远小的透视原理。 2.采用回忆法或资料查询法引导小组学生探讨园林景观综合线稿绘制过程中运用了与前一任务中哪些不相同的知识点。 3.采用联想法、观察法、小组讨论法引导小组学生思考绘制园林景观线稿需要经过怎样的绘画步骤，其与室外建筑、室内装饰的绘制方法又会有哪些不同。 4.采用观察法、 小组讨论法、小组间竞争抢答法引导小组学生考虑在想一想（具体问题具体分析）环节中还可以学到哪些新技法。	6（最多8课时）	2.3.1 2.3.2 2.3.3 2.3.4
8	室内家居空间手绘上色稿分步绘制	在掌握室内单体上色绘制的基础上，进一步熟悉例如沙发、吊灯等室内小物件在整体环境上色中的绘制技法。通过学习室内装饰场景绘制过程中碰到的实际案例项目和问题，学会灵活绘制并处理画面色彩对比的关系	学生在教师引导下完成下列活动: 1.采用百度查询法或资料查询法引导小组学生思考什么是冷暖色调的对比。运用智能手机从水彩画中选取一张关于“大地雪景”的作品举例说明。 2.采用百度查询法或思维发散法引导小组学生讨论为什么冷暖色调能够拉开距离感。 3.采用回忆法、资料查询法、小组讨论法引导小组学生探讨室内装饰上色绘制与前面学习的单体上色有哪些相同（可供借鉴，例如技法方面），有哪些不同（需要注意区分，例如画面的整体性原则）。 4.采用小组讨论法引导小组学生思考绘制一幅完整的室内装饰上色作品需要经过怎样的绘画程序，色彩的深浅度、色相的对比度怎样把握。 5.采用观察法、小组讨论法、小组间竞争抢答法引导小组学生考虑在想一想（具体问题具体分析）环节中还可以学到哪些具体场景细节处理的技法。	2（最多4课时）	3.1.1 3.1.2 3.1.3
9	室外建筑物手绘上色稿分步绘制	在掌握室外小品单体上色绘制的基础上，进一步熟悉建筑场景整体环境上色的绘制技法。通过学习室外建筑场景绘制过程中碰到的实际案例项目和问题，学会灵活处理并绘制画面	学生在教师引导下完成下列活动: 1.采用百度查询法或资料查询法引导小组学生思考冷灰色与暖灰色在室外建筑上色稿中怎样应用，能否结合具体实例分析它们的色彩感情是如何区别的。 2.采用百度查询法或思维发散法引导小组学生讨论室外建筑上色稿绘制中运用的新技法与前一任务相比有哪些不相同。 3.采用联想法、观察法、比较法、小组讨论法引导小组学生探讨绘制室外建筑上色稿所需要的绘画步骤与室内对比有哪些不同。	6（最多8课时）	3.2.1 3.2.2 3.2.3
10	园林景观手绘上色稿分步绘制	在掌握植物单体上色绘制的基础上，进一步熟悉植物在整体环境上色中的绘制技法。通过学习园林景观绘制过程中碰到的实际案例项目和问题，学会处理并灵活表现画面色彩弱对比、强对比的处理关系	学生在教师引导下完成下列活动: 1.采用资料查询法引导小组学生思考在绘制园林景观上色稿效果图时按照怎样的顺序步骤对绿植场景进行上色。 2.采用小组讨论法、资料查询法、观察法引导学生探索园林景观上色稿中绿色的冷暖对比是怎样去体现、应用的。 3.采用联想法、观察法引导小组学生思考绘制园林景观上色稿中怎样运用彩铅进行整体的色彩柔化调整。 4. 采用观察法、小组讨论法、小组间竞争抢答法引导小组学生考虑在想一想（具体问题具体分析）环节中还可以学到哪些新技法。	6（最多8课时）	3.3.1 3.3.2 3.3.3

六、教学建议

以服务（服务社会、服务学生）为宗旨，以就业为导向（企业导向、学生导向），以综合素质（专业素质、职业素质）为基础，以能力（职业能力、发展能力）为本位。

1.教学方法

（1）本课程教学过程中，应立足于理论基础知识融贯在实际操作中，加强学生理论与实际相结合的能力。以工作任务引领提高学生学习兴趣，以任务驱动教学法和案例教学法为主，结合小组讨论法等多种方法。

（2）本课程教学的关键是效果图的表现能力训练。选用不同的绘图工具，运用不同的表现技法表现空间。在教学过程中，通过案例引导学生熟练掌握马克笔、彩铅等绘图工具的使用，通过教师的“教”、学生的“学”、学生的“练”，最终达到我们的共同目标。

（3）本课程教学过程中，创设工作情境，从工作任务着手，学会完成任务的方法和手段，在完成任务的过程中学习相关知识。让学生知道“做什么”“怎么做”“为什么”，使学生明白教学的目的，并为之而努力，完成知识的正迁移，切实提高学生的思维能力、学习能力和创造能力，让学生在“做”中学、“做”中会，在“做”中学会学习和工作，提高学生的综合职业能力。

（4）本课程教学过程中，要应用多媒体课件、图片、微课视频等多种教学资源辅助教学，帮助学生理解相关的知识。

（5）本课程教学过程中，要重视本专业领域新技术、新风格、新需求的发展趋势，贴近生产现场，为学生提供职业生涯发展的空间，努力培养学生参与社会实践的创新精神和职业能力。

（6）本课程教学过程中，教师应积极引导学生提升职业素养，提高职业道德和行为规范。

2.评价方法

本课程成绩评定要采用过程考核的考核评价方式，以实际学习情况和能力为依据，包括平时表现和设计成果两部分。平时表现包括任务练习、课堂表现、课后作业，权重为40%；综合考核，权重为60%。考核成绩即工作能力评分，为学生学习指明方向。

具体考核分配

考核方式	平时表现考核（40分）			设计成果综合考核（60分）
内容	任务练习	课堂表现	课后作业	室内效果图表现
分数	10分	10分	20分	60分
考核实施	由教师根据设计手绘表现技法相关标准和要求，对完成结果进行考核	由教师根据学生平时表现进行考核	由教师布置相关章节的课后效果图练习作业，对完成结果进行考核	由教师出题，学生根据老师给定的题目完成考试，对完成结果进行考核
考核标准	规定时间内完成手绘表现的相关任务	1.遵守纪律 2.无缺勤记录 3.学习积极，并能够发现问题、勤于钻研、解决问题	1.临摹作业要认真 2.不得复印他人成果，必须按时、保证质量完成作业	1.透视与画面布局完整 2.马克笔、彩铅结合使用 3.最终表现完整的室内效果图

3.教学条件

1）多媒体、活动桌椅教室、校内绘图实训室。

2）教学参考图书资料、案例图集。

3）网络资源（网络设计教程与论坛等）。

4.教材选用

在课程教材的选用上，目前选用的是由孙琪编写的《手绘表现技法》（机械工业出版社出版）。本课程教材注重学生掌握效果图绘制技能练习的实用性，强调项目驱动、工学结合，便于学生掌握，并为学生将来的就业服务。

附录C 手绘表现技法（项目）任务学习单与评价单

项目1 过程性考核项目任务单

项目名称	项目编号	小组号	组长姓名	学生姓名
手绘效果图表现基础				
学生自主任务实施	一、什么是美术？与手绘表现有什么关系？手绘造型的相关知识有哪些？绘制一幅完整的效果图需要运用哪些手绘造型技法？不同的手绘工具各起到了怎样的作用？我们为什么要进行手绘表现？ （提示：采用百度查询法、小组讨论法或资料查询法）			
	二、什么是透视？透视产生的原因是什么？透视的基本术语你都知道哪些？透视的种类有哪些？ （提示：采用观察法、资料查询法、小组讨论法、小组间竞争抢答法）			
	三、手绘用线的表现特征是什么？钢笔画手绘用线的方法有哪几种？其表现技法是怎样的？怎样运用单体线稿绘制的步骤和技法？ （提示：采用观察法、资料查询法、小组讨论法）			
	四、马克笔用笔的表现绘制技法有哪几种？单体上色的技法是怎样实施的？组合体上色的技法是怎样实施的？ （提示：采用观察法、资料查询法、小组讨论法、演示法）			

（续）

完成任务总结（做一个会观察、有想法、会思考、有创新的学生）	一、存在其他问题与解决方案，思考如何通过手绘设计提高人民生活品质。 （提示：老师公布个人手机号，采用手机拨号抢答的方法。例如：先显示的学生手机号码，就有请他先起来与同学们一起分享自己新鲜的问题见解，鼓励双倍加分）
	二、收获与体会
	三、其他建议

项目1 过程性考核评价

班级		学号		姓名		日期		成绩	
小组成员（姓名）									

职业能力评价	分值	自评（10%）	组长评价（20%）	教师综合评价（70%）
完成任务思路	5			
信息收集情况	5			
团队合作	10			
练习态度认真	10			
考勤	10			
讲演与答辩	35			
按时完成任务	15			
善于总结学习	10			
合计评分	100			

项目2 过程性考核项目任务单

项目名称	项目编号	小组号	组长姓名	学生姓名
室内外手绘造型线稿绘制				

学生自主任务实施	一、什么是一点透视（平行透视）？室内家居空间手绘线稿绘制会用到前面学习的单体线稿绘制中的哪些知识点？绘制一幅完整的室内家居空间手绘线稿需要经过怎样的绘画步骤？在想一想（具体问题具体分析）环节中我们还可以学到哪些技法？ （提示：采用百度查询法、资料查询法、观察法、 小组讨论法、小组间竞争抢答法）
	二、什么是两点透视（成角透视）？室外建筑手绘线稿绘制运用了与前一任务中哪些相同的知识点？绘制室外建筑手绘线稿需要经过怎样的绘画步骤？与室内有哪些不同？在想一想（具体问题具体分析）环节中我们还可以学到哪些技法？ （提示：采用观察法、联想回忆法、小组讨论法、小组间竞争抢答法）
	三、在绘制园林景观手绘线稿效果图时，什么时候用两点透视（成角透视）？什么时候只采用近大远小的透视原理？园林景观综合线稿绘制过程中运用了与前一任务中哪些不相同的知识点？绘制园林景观线稿需要经过怎样的绘画步骤？与室外建筑、室内装饰的绘制方法又有哪些不同？在想一想（具体问题具体分析）环节中我们还可以学到哪些新技法？ （提示：采用回忆法、资料查询法、观察法、 小组讨论法、小组间竞争抢答法）

（续）

<table>
<tr><td rowspan="6">完成任务总结（做一个会观察、有想法、会思考、有创新的学生）</td><td>一、存在其他问题与解决方案，思考如何通过手绘表现展示美丽中国。
（提示：老师掷骰子随机挑选小组，选中小组后再随机抽签（例如：制作最胖、最瘦、最高、最矮的纸签）挑选同学，带动学生人人参与，例如有请3组中个子最高的同学起来与同学们分享其思考的问题和见解）</td></tr>
<tr><td></td></tr>
<tr><td>二、收获与体会</td></tr>
<tr><td></td></tr>
<tr><td>三、其他建议</td></tr>
<tr><td></td></tr>
</table>

项目2 过程性考核评价

<table>
<tr><th>班级</th><th></th><th>学号</th><th></th><th>姓名</th><th></th><th>日期</th><th></th><th>成绩</th><th></th></tr>
<tr><td>小组成员（姓名）</td><td colspan="9"></td></tr>
<tr><th>职业能力评价</th><th>分值</th><th colspan="2">自评（10%）</th><th colspan="3">组长评价（20%）</th><th colspan="3">教师综合评价（70%）</th></tr>
<tr><td>完成任务思路</td><td>5</td><td colspan="2"></td><td colspan="3"></td><td colspan="3"></td></tr>
<tr><td>信息收集情况</td><td>5</td><td colspan="2"></td><td colspan="3"></td><td colspan="3"></td></tr>
<tr><td>团队合作</td><td>10</td><td colspan="2"></td><td colspan="3"></td><td colspan="3"></td></tr>
<tr><td>练习态度认真</td><td>10</td><td colspan="2"></td><td colspan="3"></td><td colspan="3"></td></tr>
<tr><td>考勤</td><td>10</td><td colspan="2"></td><td colspan="3"></td><td colspan="3"></td></tr>
<tr><td>讲演与答辩</td><td>35</td><td colspan="2"></td><td colspan="3"></td><td colspan="3"></td></tr>
<tr><td>按时完成任务</td><td>15</td><td colspan="2"></td><td colspan="3"></td><td colspan="3"></td></tr>
<tr><td>善于总结学习</td><td>10</td><td colspan="2"></td><td colspan="3"></td><td colspan="3"></td></tr>
<tr><td>合计评分</td><td>100</td><td colspan="2"></td><td colspan="3"></td><td colspan="3"></td></tr>
</table>

项目3 过程性考核项目任务单

<table>
<tr><td>项目名称</td><td>项目编号</td><td>小组号</td><td>组长姓名</td><td>学生姓名</td></tr>
<tr><td>室内外手绘造型上色绘制</td><td></td><td></td><td></td><td></td></tr>
<tr><td rowspan="6">学生自主
任务实施</td><td colspan="4">一、什么是冷暖色调的对比？运用智能手机从水彩画中选取一张关于“大地雪景”的作品举例说明。为什么冷暖色调能够拉开距离感？室内装饰上色绘制与前面学习的单体上色有哪些相同（可供借鉴，例如技法方面）？有哪些不同（需要注意区分，例如画面的整体性原则）？绘制一幅完整的室内装饰上色作品需要经过怎样的绘画程序？色彩的深浅度、色相的对比度怎样把握？
（提示：采用百度查询法、思维发散法、联想回忆法、观察法、小组讨论法、小组间竞争抢答法）</td></tr>
<tr><td colspan="4"></td></tr>
<tr><td colspan="4">二、冷灰色与暖灰色在室外建筑上色稿中怎样应用？能否结合具体实例分析它们的色彩感情是如何区别的？室外建筑上色稿绘制中运用的新技法与前一任务相比有哪些不相同？绘制室外建筑上色稿所需要的绘画步骤与室内对比有哪些不同？
（提示：采用回忆法、资料查询法、联想法、观察法、比较法、小组讨论法）</td></tr>
<tr><td colspan="4"></td></tr>
<tr><td colspan="4">三、在绘制园林景观上色稿效果图时按照怎样的顺序步骤对绿植场景进行上色？园林景观上色稿中绿色的冷暖对比是怎样去体现、应用的？绘制园林景观上色稿中怎样运用彩铅进行整体的色彩柔化调整？在想一想（具体问题具体分析）环节中我们还可以学到哪些新技法？
（提示：采用联想法、对比法、观察法、 小组讨论法、小组间竞争抢答法）</td></tr>
<tr><td colspan="4"></td></tr>
</table>

（续）

完成任务总结（做一个会观察、有想法、会思考、有创新的学生）	一、存在其他问题与解决方案，思考在完成项目的过程中“节能降碳”和绿色生活方式在手绘表现中如何实现。（提示：老师准备两副一样数量、花色的扑克牌，采用随机扑克牌法挑选同学。例如：有请手中持有红桃6的同学起来和同学们分享其独特见解）
	二、收获与体会
	三、其他建议

项目3 过程性考核评价

班级		学号		姓名		日期		成绩	
小组成员（姓名）									

职业能力评价	分值	自评（10%）	组长评价（20%）	教师综合评价（70%）
完成任务思路	5			
信息收集情况	5			
团队合作	10			
练习态度认真	10			
考勤	10			
讲演与答辩	35			
按时完成任务	15			
善于总结学习	10			
合计评分	100			

参考文献

[1]马克辛,李科.现代园林景观设计[M].北京：高等教育出版社, 2008.
[2]文健.手绘效果图快速表现技法[M].北京：清华大学出版社, 2008.
[3]谢明洋.手绘效果图表现技法详解——景观设计[M].北京：中国电力出版社，2010.
[4]郭明珠.室内外效果图手绘技法[M].北京：北京大学出版社，2010.
[5]宋丹,解边锋.手绘效果图表现技法详解——室内设计[M].北京：中国电力出版社, 2010.
[6]严何.手绘效果图快速表现技法——建筑篇[M].北京：化学工业出版社, 2010.
[7]长谷川矩祥.室内设计效果图手绘技法:快速表现篇[M].北京：中国青年出版社,2006.
[8]赵国斌.室内设计手绘效果图表现技法[M].福州：福建美术出版社, 2006.
[9]赵杰.室内设计手绘效果图表现[M].武汉：华中科技大学出版社,2013.
[10]钟叶洲.建筑景观室内设计手绘效果图表现技法——马克笔篇[M].北京：科学出版社,2014.
[11]杨建.马克笔表现技法[M].北京：中国建筑工业出版社,2013.
[12]汤留泉.室内外手绘效果图深入表现[M].北京：机械工业出版社,2010.
[13]孙迟.深入手绘：室内设计手绘表现技法[M].南昌：江西美术出版社,2014.
[14]潘周婧.印象手绘：室内设计手绘线稿表现[M].北京：人民邮电出版社,2016.
[15]赵国斌.手绘效果图表现技法：景观设计[M]. 福州：福建美术出版社,2006.
[16]姚诞.手绘表现技法[M].上海：上海人民美术出版社,2010.
[17]徐绍田.建筑钢笔画[M].北京：化学工业出版社,2009.
[18]刘晓东.展示设计手绘表现技法[M].南昌：江西美术出版社,2010.
[19]崔笑声.手绘效果图表现技法[M].北京：中央广播电视大学出版社,2011.
[20]张恒国.手绘效果图表现技法及应用[M].北京：北京交通大学出版社,2012.
[21]陈红卫.陈红卫手绘表现技法[M].上海：东华大学出版社,2013.
[22]杨健.杨健手绘画法[M]. 沈阳：辽宁科学技术出版社,2013.
[23]汤艾易.手绘效果图表现技法[M].北京：中国劳动社会保障出版社,2015.
[24]威廉 · 科拜 · 劳卡德.设计手绘：理论与技法[M].大连：大连理工大学出版社,2014.
[25]翟绿绮,马凯,田园等.环境艺术设计手绘表现技法[M].北京：清华大学出版社,2014.
[26]藤原成晓.透视表现技法[M].北京：中国青年出版社,2014.
[27]塞布丽娜 · 维尔克.景观手绘技法[M].沈阳：辽宁科学技术出版社,2014.
[28]克里斯托弗 · 迪纳塔莱.透视技法表现[M].北京：中国青年出版社,2014.
[29]滕翔宇.透视学[M].北京：中国青年出版社,2013.
[30]白璎.艺术与设计透视学[M].上海：上海人民美术出版社,2011.
[31]盛建平.设计透视应用画法[M].北京：机械工业出版社,2009.
[32]殷光宇.透视——美术卷[M].杭州：中国美术学院出版社,1999.
[33]菲尔 · 梅茨格.美国绘画透视完全教程[M].上海：上海人民美术出版社,2016.
[34]菲尔 · 梅茨格.绘画透视基础[M].上海：上海人民美术出版社,2014.
[35]郭明珠.绘画透视学基础[M].北京：中国建筑工业出版社,2009.